广西喀斯特地区植被生态质量监测评估技术研究与应用

主　编：莫建飞
副主编：陈燕丽 莫伟华

气象出版社
China Meteorological Press

内容简介

喀斯特地区作为广西的典型生态脆弱区,是政府石漠化治理和植被保护修复的重点关注区域。近5年来广西气象部门围绕其植被生态气象监测评估服务开展了多方面研究和成果应用服务。本书较系统地梳理了"3S"技术在广西喀斯特地区植被生态质量监测评估取得的研究成果,深入分析了广西喀斯特地区植被生态时空演变特征和变化规律,研究了该地区植被变化的驱动因素,客观评价了该地区植被生态恢复潜力,同时还详细介绍了广西植被生态质量监测评估业务规范及其业务服务应用情况。

本书可为广西相关部门制定喀斯特地区植被生态恢复治理政策提供科学理论依据,也可为全国其他地区生态气象研究工作者提供技术参考借鉴,尤其对西南、华南喀斯特生态气象研究相关从业者提供了实例参考。

图书在版编目(CIP)数据

广西喀斯特地区植被生态质量监测评估技术研究与应用 / 莫建飞主编. -- 北京 : 气象出版社,2022.4
ISBN 978-7-5029-7681-1

Ⅰ. ①广… Ⅱ. ①莫… Ⅲ. ①喀斯特地区－植被－生态环境－环境监测－评估－研究－广西 Ⅳ. ①Q948.1

中国版本图书馆CIP数据核字(2022)第051031号

广西喀斯特地区植被生态质量监测评估技术研究与应用
Guangxi Kasite Diqu Zhibei Shengtai Zhiliang Jiance Pinggu Jishu Yanjiu Yu Yingyong

出版发行:气象出版社			
地　　址:北京市海淀区中关村南大街46号		**邮政编码**:100081	
电　　话:010-68407112(总编室)　010-68408042(发行部)			
网　　址:http://www.qxcbs.com		**E-mail**:qxcbs@cma.gov.cn	
责任编辑:张锐锐　吕厚荃		**终　　审**:吴晓鹏	
责任校对:张硕杰		**责任技编**:赵相宁	
封面设计:艺点设计			
印　　刷:北京建宏印刷有限公司			
开　　本:787 mm×1092 mm　1/16		**印　　张**:12.5	
字　　数:353千字			
版　　次:2022年4月第1版		**印　　次**:2022年4月第1次印刷	
定　　价:88.00元			

编 委 会

前　言

　　生态环境是人类赖以生存的物质基础,社会的进步和科技的发展使得人类对生态环境的影响越来越显著。作为生态文明建设重点关注问题,生态环境质量成了人与自然和谐发展和可持续发展道路的重要保证。党的十八大提出"把生态文明建设放在突出位置,融入经济建设、政治建设、文化建设、社会建设各个方面和全过程,努力建设美丽中国,实现中华民族永续发展"。中国气象局出台了《关于加强生态文明建设气象保障服务工作的意见》,全面部署了生态环境的气象保障服务工作。广西壮族自治区政府在推进生态文明建设进程中,提出大力实施"生态立区、生态兴区、生态强区"的发展战略,广西第十一次党代会也提出营造"三大生态"、实现"两个建成"的战略目标,持续推进"美丽广西"乡村建设,坚持生态立区、生态惠民,走出具有广西特色的绿色崛起之路。喀斯特地貌是广西典型的生态脆弱区域,土地石漠化是喀斯特地区最严重的生态问题,严重制约了该地区社会经济发展和人民生存及生活条件的改善,是自治区政府开展生态文明建设的重点关注的区域。摸清喀斯特地区生态环境条件及影响因素,是开展该地区生态恢复治理、提高生态环境质量的重要工作。近5年来,广西壮族自治区气象科学研究所针对喀斯特地区,围绕其植被生态气象监测评估服务开展了多方面研究和成果应用服务,建立了广西马山石漠化生态观测站、环江石漠化生态观测站、平果植被生态观测站;搭建了广西卫星遥感与生态气象监测评估集约化平台,该平台集资料收集、生态监测评估模型、生态产品制作与服务应用于一体,在植被生态质量监测评估、植被生态质量气象影响评估、气候变化对生态影响评估技术研究等方面取得了丰富成果。本书较系统地梳理了"3S"技术(遥感技术、地理信息系统、全球定位系统)在广西喀斯特地区植被生态质量监测评估方面取得的研究成果:调查了广西喀斯特地区植被时空演变特征和变化规律,研究了该地区植被变化的驱动因素,开展该地区植被生态质量动态变化监测评估并对植被生态恢复潜力进行客观评价,同时还详细介绍了广西植被生态质量监测评估业务规范及其业务服务应用成果。

　　本书共分为8章,由莫建飞、陈燕丽和莫伟华负责总体章节结构设计、编写组织和文稿技术把关。参加编写的主要人员如下(按章节顺序):第1章由陈燕丽、莫建飞、钟仕全编写,第2章由莫建飞、陈燕丽、陈诚编写,第3章由陈燕丽、莫建飞、孙明、陈诚编写,第4章由莫建飞、江洁丽编写,第5章由莫建飞编写,第6章由莫建飞、零绍珑编写,第7章由莫建飞、莫伟华、戴雨菡、何林宴、刘梅、黄丹萍、刘武、蒋亚平、王军君、汤中明等编写,第8章由莫建飞编写。由莫建飞、陈燕丽、莫伟华完成全书的统稿和校对。

　　本书自始至终得到国家气象中心钱拴老师的高度重视和大力支持,对书的整体框架结构进行技术把关,谨表示衷心感谢。

　　南宁师范大学、贵港市气象局、河池市气象局、百色市气象局等单位给予了大力支持。

在本书的撰写过程中,参考了许多科研成果,除了参考文献中所列成果外,还有部分资料摘自讲座、会议材料等未正式发表的内容,不能一一列出作者和出处,恳请有关作者谅解,在此深表谢意。

由于生态环境质量监测评估技术涉及面广,加之本书编写人员水平有限,编写时间仓促,遗漏和不当之处在所难免,恳请读者批评指正。

作者

2021 年 10 月

目　　录

前言
第1章　绪　论 ··· 1

    1.1　研究背景 ··· 1
    1.2　研究意义 ··· 1
    1.3　国内外研究进展 ·· 1
    1.4　研究主要内容 ··· 5
    1.5　研究技术路线 ··· 6
    1.6　本章小结 ··· 6
    参考文献 ··· 7

第2章　研究区概况与数据源 ································· 11

    2.1　研究区概况 ·· 11
    2.2　卫星遥感数据 ··· 12
    2.3　气象观测数据 ··· 17
    2.4　无人机影像数据 ·· 18
    2.5　生态气象站数据 ·· 19
    2.6　基础地理信息与地理环境数据 ··························· 22
    2.7　本章小结 ·· 23
    参考文献 ·· 23

第3章　植被生态质量监测评估技术 ················· 24

    3.1　植被生态质量监测评估指标体系 ······················· 24
    3.2　植被生态系统信息提取及时空演变分析 ············· 25
    3.3　植被覆盖度监测评估 ·· 44
    3.4　植被净初级生产力监测评估 ······························· 52
    3.5　植被综合生态质量监测评估 ······························· 60
    3.6　植被生态质量检验技术 ······································ 71
    3.7　本章小结 ·· 73
    参考文献 ·· 75

第4章　植被生态时空演变驱动因素影响分析 ········ 76

    4.1　地形对植被生态系统演变的影响 ······················· 76

4.2　土壤对植被生态系统演变的影响 ⋯⋯⋯⋯⋯⋯⋯⋯⋯⋯⋯⋯⋯⋯⋯⋯⋯ 79

4.3　气候对植被生态系统演变的影响 ⋯⋯⋯⋯⋯⋯⋯⋯⋯⋯⋯⋯⋯⋯⋯⋯⋯ 81

4.4　植被生态演变驱动因素影响区划 ⋯⋯⋯⋯⋯⋯⋯⋯⋯⋯⋯⋯⋯⋯⋯⋯⋯ 95

4.5　本章小结 ⋯⋯⋯⋯⋯⋯⋯⋯⋯⋯⋯⋯⋯⋯⋯⋯⋯⋯⋯⋯⋯⋯⋯⋯⋯⋯ 102

参考文献 ⋯⋯⋯⋯⋯⋯⋯⋯⋯⋯⋯⋯⋯⋯⋯⋯⋯⋯⋯⋯⋯⋯⋯⋯⋯⋯⋯⋯⋯ 103

第5章　植被生态恢复潜力评价与预测 ⋯⋯⋯⋯⋯⋯⋯⋯⋯⋯⋯⋯⋯⋯ 104

5.1　评价技术方法 ⋯⋯⋯⋯⋯⋯⋯⋯⋯⋯⋯⋯⋯⋯⋯⋯⋯⋯⋯⋯⋯⋯⋯⋯ 104

5.2　植被生态恢复潜力评价 ⋯⋯⋯⋯⋯⋯⋯⋯⋯⋯⋯⋯⋯⋯⋯⋯⋯⋯⋯⋯ 105

5.3　植被生态恢复潜力预测 ⋯⋯⋯⋯⋯⋯⋯⋯⋯⋯⋯⋯⋯⋯⋯⋯⋯⋯⋯⋯ 107

5.4　植被生态恢复治理建议 ⋯⋯⋯⋯⋯⋯⋯⋯⋯⋯⋯⋯⋯⋯⋯⋯⋯⋯⋯⋯ 109

5.5　本章小结 ⋯⋯⋯⋯⋯⋯⋯⋯⋯⋯⋯⋯⋯⋯⋯⋯⋯⋯⋯⋯⋯⋯⋯⋯⋯⋯ 110

参考文献 ⋯⋯⋯⋯⋯⋯⋯⋯⋯⋯⋯⋯⋯⋯⋯⋯⋯⋯⋯⋯⋯⋯⋯⋯⋯⋯⋯⋯⋯ 111

第6章　植被生态质量监测评估系统研发 ⋯⋯⋯⋯⋯⋯⋯⋯⋯⋯⋯⋯ 112

6.1　系统设计与开发 ⋯⋯⋯⋯⋯⋯⋯⋯⋯⋯⋯⋯⋯⋯⋯⋯⋯⋯⋯⋯⋯⋯⋯ 112

6.2　数据库设计与建立 ⋯⋯⋯⋯⋯⋯⋯⋯⋯⋯⋯⋯⋯⋯⋯⋯⋯⋯⋯⋯⋯⋯ 114

6.3　系统关键技术与方法 ⋯⋯⋯⋯⋯⋯⋯⋯⋯⋯⋯⋯⋯⋯⋯⋯⋯⋯⋯⋯⋯ 118

6.4　系统功能实现 ⋯⋯⋯⋯⋯⋯⋯⋯⋯⋯⋯⋯⋯⋯⋯⋯⋯⋯⋯⋯⋯⋯⋯⋯ 119

6.5　典型自然保护区生态质量监测评估案例 ⋯⋯⋯⋯⋯⋯⋯⋯⋯⋯⋯⋯ 124

6.6　本章小结 ⋯⋯⋯⋯⋯⋯⋯⋯⋯⋯⋯⋯⋯⋯⋯⋯⋯⋯⋯⋯⋯⋯⋯⋯⋯⋯ 129

参考文献 ⋯⋯⋯⋯⋯⋯⋯⋯⋯⋯⋯⋯⋯⋯⋯⋯⋯⋯⋯⋯⋯⋯⋯⋯⋯⋯⋯⋯⋯ 129

第7章　植被生态质量监测评估业务规范与服务应用 ⋯⋯⋯⋯⋯⋯ 131

7.1　植被生态监测评估业务规范 ⋯⋯⋯⋯⋯⋯⋯⋯⋯⋯⋯⋯⋯⋯⋯⋯⋯⋯ 131

7.2　全国生态气象服务 ⋯⋯⋯⋯⋯⋯⋯⋯⋯⋯⋯⋯⋯⋯⋯⋯⋯⋯⋯⋯⋯⋯ 135

7.3　省市县级重大气象信息专项服务 ⋯⋯⋯⋯⋯⋯⋯⋯⋯⋯⋯⋯⋯⋯⋯⋯ 138

7.4　生态宜游宜居气象服务 ⋯⋯⋯⋯⋯⋯⋯⋯⋯⋯⋯⋯⋯⋯⋯⋯⋯⋯⋯⋯ 176

7.5　生态服务功能评价服务 ⋯⋯⋯⋯⋯⋯⋯⋯⋯⋯⋯⋯⋯⋯⋯⋯⋯⋯⋯⋯ 183

7.6　本章小结 ⋯⋯⋯⋯⋯⋯⋯⋯⋯⋯⋯⋯⋯⋯⋯⋯⋯⋯⋯⋯⋯⋯⋯⋯⋯⋯ 186

第8章　结　语 ⋯⋯⋯⋯⋯⋯⋯⋯⋯⋯⋯⋯⋯⋯⋯⋯⋯⋯⋯⋯⋯⋯⋯⋯⋯ 188

8.1　研究结论 ⋯⋯⋯⋯⋯⋯⋯⋯⋯⋯⋯⋯⋯⋯⋯⋯⋯⋯⋯⋯⋯⋯⋯⋯⋯⋯ 188

8.2　存在问题 ⋯⋯⋯⋯⋯⋯⋯⋯⋯⋯⋯⋯⋯⋯⋯⋯⋯⋯⋯⋯⋯⋯⋯⋯⋯⋯ 190

8.3　展望 ⋯⋯⋯⋯⋯⋯⋯⋯⋯⋯⋯⋯⋯⋯⋯⋯⋯⋯⋯⋯⋯⋯⋯⋯⋯⋯⋯⋯ 191

第1章 绪 论

1.1 研究背景

生态环境是人类赖以生存的物质基础,随着社会的进步与科技的发展,人类对生态环境的影响越来越大。党的十八大提出了生态文明建设,高度关注区域生态环境质量的变化问题。做好生态环境的监测评估工作,改善和提高生态环境质量是全民奔小康、人与自然和谐发展、走可持续发展道路的重要保证。目前,我国生态文明建设已进入实质性阶段,通过转变经济发展模式,增强生态环境保护,促进绿色经济发展,实现社会文明进步与自然和谐发展。广西壮族自治区政府在推进广西生态文明建设进程中,提出大力实施"生态立区、生态兴区、生态强区"的发展战略;广西第十一次党代会提出营造"三大生态"、实现"两个建成"的战略目标,持续推进"美丽广西"乡村建设,坚持生态立区、生态惠民,走出具有广西特色的绿色崛起之路。喀斯特地区是广西典型的生态脆弱区域,土地石漠化是其最严重的生态问题,严重制约了该地区的社会经济发展和人民生存及生活条件的改善,是自治区政府开展生态文明建设、生态扶贫、脱贫奔小康重点关注的区域。喀斯特地区土地贫瘠,土层薄,水土涵养能力差;植被以灌木、灌草、草地为主,是气候变化、气象灾害影响的敏感区,开展生态恢复治理难度大。摸清喀斯特地区生态系统环境条件及影响因素,是开展该地区生态恢复治理、提高该地区生态环境质量的重要工作。

1.2 研究意义

广西地处低纬度亚热带季风气候区,雨热同期,丰富的水热气候条件对植被生长极其有利。全区森林覆盖率高,2020年达62.2%,生态环境条件优越,2014—2016年卫星遥感监测评估显示,广西植被生态质量连续三年位居全国第一,充分反映了广西植被生态的区位优势。森林、灌草和农田植被是广西植被生态质量的三大载体,森林生态系统对全区植被生态质量的贡献率最高,农田植被生态系统生态质量也优于我国北方大部分地区,而作为灌丛、草地生态系统主体的喀斯特地区,尽管通过生态恢复治理,其植被生态质量虽在逐步改善,但特殊生境下生态脆弱性和敏感性使其植被生态质量仍然偏低。因此,喀斯特地区是关乎广西植被生态质量能否整体提升的重点地区关键。充分了解喀斯特地区植被生态质量地域特征及影响因素,科学合理地开展喀斯特地区石漠化治理、植被保护和生态恢复治理,是保障广西植被生态质量稳步提高的关键,开展广西喀斯特地区植被生态质量的监测评估技术研究具有重要意义。通过研究可以摸清喀斯特地区植被生态质量空间分布特征和季节变化规律,了解地形、土壤、气候等环境条件对植被生态质量的影响作用,明确喀斯特地区不同生境下植被恢复的潜力,为广西喀斯特地区植被生态恢复治理提供科学依据,为推进广西生态文明建设奠定基础。

1.3 国内外研究进展

喀斯特地貌区是我国的四大生态环境脆弱区之一(王磊,2015),具有重要的生态功能定位。由于其地理环境条件特殊,在环境的脆弱性和人类活动的双重影响下,导致其植被退化、基岩裸露,形成石漠化景观(李森 等,2007)。石漠化问题已经成为广西最为严重的生态问题之一。喀斯特地区石漠化的广泛分布在很大程度上影响了该地区植被生态环境质量。作为陆地生态系统主要组成部分的植被是反映区域生态环境质量的最好标志之一(戚涛,2007)。针对喀斯特地区植被生态质量监测评估、植被生态演变归因分析及植被生态恢复潜力评价已取得了一些研究成果。

○ 1.3.1　植被生态质量监测评估

喀斯特复杂下垫面植被信息的准确提取是实现其监测的关键。喀斯特地区裸露岩石、植被和土壤的复杂下垫面加大了该地区植被信息提取的难度。在喀斯特石漠化地区,由于地形复杂、地表破碎,传统的植被调查费时、费力、调查范围小,对于地形复杂使得人员、设备不能到达的区域,数据获取困难。遥感技术具有低成本、监测尺度较大、环境要求较低、操作简便的特点,可以获取高空间分辨率的影像提取植被信息,弥补了传统植被调查的不足。研究表明,"哨兵2号"卫星10 m空间分辨率的归一化植被指数(Normalized Difference Vegetation Index,NDVI)可以有效提取喀斯特地区植被,且基于植被光谱在蓝—绿的空间比值特征实现与其他地物的可分离性。"哨兵2号"卫星20 m空间分辨率可见光波段数据对喀斯特地区植被提取精度可达92.67%(段纪维 等,2020)。传统卫星影像易受到大气以及云雨天气的影响,其时空分辨率较低。无人机遥感是新低空遥感技术,在获取数据过程中不受大气因素的干扰,可获取高时空分辨率的数据,且成本较低,很大程度上弥补卫星影像的不足。无人机航拍影像更易捕获石漠化地区的精细地物信息(王梦娟,2019),且面向对象分类较传统基于像元分类方法在裸岩识别上更有优势,该结论在无人机航摄影像上已得到初步证实(张志慧 等,2020)。植被指数时序图交点法和样本统计法适合喀斯特地区植被信息提取,具有较高的精度(尹林江 等,2020)。此外,Sentinel-2卫星多光谱数据可以用于反演喀斯特湿地植被(耿仁方 等,2020)及其理化参数(蔡江涛 等,2020)。近年来,生态观测站的广泛建设使得近地植物冠层RGB图像成为常态化数据,作为天—空—地一体化监测网络的重要组成部分,该数据可以对卫星遥感和无人机遥感反演植被信息形成有效补充,既克服了复杂多变天气对影像质量的影响,又能够实现对植被生长状况的高通量的时序监测。图像处理技术的迅速发展极大地促进了计算视觉技术在植被监测方面的广泛应用(王怡 等,2020),但已有利用近地冠层RGB图像开展地面监测的研究对象多数集中于作物,常见的有甘蔗(刘志平 等,2020)、玉米(陆明 等,2011)、小麦(王玉,2014)、棉花(毋立芳 等,2018)、水稻(白晓东 等,2014)等作物和牧草(韩丁 等,2019)。基于生态观测站近地植物冠层RGB图像,针对喀斯特地区裸岩、植被和土壤混杂下垫面,各种分割算法的适用性及分割后图像对植被长势监测的敏感性鲜见报道。

植被覆盖度和植被净初级生产力已成为喀斯特地区植被生态质量评价的重要依据。遥感反演的归一化植被指数NDVI与增强型植被指数(Enhanced Vegetation Index,EVI)已被广泛用于指示植被覆盖状况,可有效地反映喀斯特区植被的季节和年际变化特征。利用MODIS卫星(田鹏举 等,2017;任杨航 等,2016;陈燕丽 等,2015a)、AVHRR卫星(王冰 等,2006;王金亮 等,2010)、TM卫星(张宏群 等,2004)、SPOT卫星(童晓伟 等,2014)遥感数据反演的NDVI已经开展了贵州(田鹏举 等,2017;王冰 等,2006;张宏群 等,2004)、广西(陈燕丽 等,2014,2018;童晓伟 等,2014;叶俊菲 等,2019)、重庆(任杨航 等,2016)、云南(王金亮 等,2010)喀斯特地区植被时空变化研究。由于NDVI本身存在一定的缺陷,特别是大气噪声、土壤背景和饱和度等问题(吴继忠 等,2016),学者们提出了EVI。EVI继承了NDVI的优点并对其缺点进行了改进。已有研究指出,NDVI和EVI在表征喀斯特地区植被覆盖度特征具有明显差异,石漠化等级由重度到潜在,两者之间的差值也随着植被覆盖度的增加而增大,植被覆盖度越低NDVI和EVI所表征的植被变化特征越相似(陈燕丽 等,2014)。吕妍等(2018)

利用 EVI 研究了 2000—2015 年中国西南喀斯特地区植被变化时空特征。

生态系统生产力是定量评估生态系统植被状况的另一重要指标。生态系统总初级生产力(Gross Primary Productivity,GPP)与生态系统净初级生产力(Net Primary Productivity,NPP)均是地—气 CO$_2$ 交换过程中的重要分量,分别为绿色植物通过光合作用从大气中固定 CO$_2$ 形成光合产物的总量及减去植物自养呼吸后的有机质总量。学者们研究不同区域尺度的喀斯特地区 NPP 的时空演变特征,主要关注地区为广西(李辉霞 等,2015;姜岩,2016;莫建飞 等,2019)、贵州(兰小丽 等,2020)和整个西南地区(董丹 等,2011;黄晓云 等,2013)。已有研究表明,与 1981—2011 年中国西南喀斯特地区 NPP 不显著的增加趋势相比(蒙吉军 等,2007),2000 年以来在生态工程实施背景下中国西南喀斯特地区植被指数、生产力和生物量明显增加(Tong et al,2018;Chen et al,2021;童晓伟 等,2014),特别是广西西北部、贵州中部和云南东南部地区。

目前,植被覆盖度和净初级生产力已成为反映陆地生态系统服务功能、群落生长茂盛程度、植被生态质量的两个关键特征量,前期基于两者的植被生态评价多数是孤立的,鲜见同时基于二者估测植被整体生态质量的模型和方法。土地利用/覆盖变化对西南石漠化地区植被净初级生产力具有重要影响(张梦宇 等,2020),植被 NPP 和覆盖度变化的复杂性使得单一利用植被生产力或覆盖度来衡量植被生态质量的高低其结果可能不全面(钱拴 等,2020)。毛留喜等(2006;2007)和钱拴等(2008)研究建立了基于植被 NPP 的生态气象指数(EMD),为开展植被生态气象监测评估提供有效借鉴,但该方法仅考虑了单因素 NPP。吕妍等(2018)通过遥感增强型植被指数 EVI 和总初级生产力 GPP 数据时空变化特征评估了喀斯特地区植被生态状况改善程度。为了能够掌握全国植被综合生态质量的高低及其时空变化,钱拴等(2020)利用植被净初级生产力和植被覆盖度构建了植被综合生态质量指数,首次将植被覆盖度和净初级生产力两个植被关键参量进行耦合建模,实现了植被综合生态质量年际对比和多年变化趋势评价。我国热量和降水资源空间分布存在较明显的气候梯度差异,不同气候梯度区,采用统一的评价标准,植被生态质量评价结果可能存在较大的出入。要克服这个问题,需要解决植被综合生态质量指数的研究空间区域尺度适用性问题。

○ 1.3.2 植被生态演变归因研究

研究喀斯特地区植被生态质量(植被覆盖及生产力)驱动因子具有重要科学意义,学者已证明喀斯特植被变化是自然和人为因素共同作用的结果。气象因子对植被生长具有重要的直接或间接影响作用(熊玲 等,2011;曲学斌 等,2019;马守存 等,2018;曹孟磊 等,2016;陈燕丽 等,2010),喀斯特脆弱生态区植被对气象因子也具有高响应特征。蒙吉军等(2007)研究了 20 世纪 80 年代以来我国西南喀斯特地区植被变化对气候变化的响应;童晓伟等(2014)结合气象和地形数据分析了广西河池市喀斯特区植被与气候、地形的关系;张勇荣 等(2014)研究了贵州省典型喀斯特区域植被对气候变化的响应;丁文荣(2016)探讨了滇东南喀斯特地区植被覆盖的时空变化特征及其与气候因子、人类活动的关系,发现气温和降水是影响喀斯特地区植被 NDVI 的重要气象因子。针对广西喀斯特地区,研究表明,温度、水分、光照等多气候因子与该地区植被均显著相关(陈燕丽 等,2014),基于气象因子与表征该地区植被生长状况的遥感植被指数 EVI 的高相关性,采用数学建模可以实现喀斯特地区植被 EVI 的模拟预测,同时由于植被对气象因子响应的滞后性,EVI 模拟模型中加入滞后时期气象因子拟合精度更高(陈燕丽 等,2015b)。在全球气候变化背景下,受极端气候事件和土地的过度开发及不合理利用等因素的共同影响,喀斯特脆弱生境条件下水土流失问题依然严峻,进而引起植被覆盖和生产力的降低(莫建飞 等,2021)。利用遥感植被指数构建灾害分级指标可以反演喀斯特植被受灾状况,现有的这方面的研究多集中于干旱灾害(匡昭敏 等,2009;杨超 等,2015,肖飞鹏,2017;陈起伟 等,2014;康为民 等,2010)。事实上,干旱可能是导致喀斯特地区植被覆盖和生产力下降的主要原因之一,吕妍等(2018)研究指出,2008—2015 年云南北部、湖北东部及湖南北部等局部地区存在植被退化趋势与 2009 年和 2011 年的降水量偏少相关。其他研究也指出,2009 年秋至 2010 年春中国西南大部分地区遭受的极端干旱造成了经济林和天然植被大面积枯死,2009—2011 年中国西南大部分地区植被 NPP 比 2001—2011 年均值偏低(赵志平 等,2015)。同时,生态系统类型的变化也可能是导致植被长势变差的另一个重要原因(Tong et al,2017)。现有的气象灾害对喀斯特地区植被影响作用的相关研究多为单次灾害过程分析,所构建的灾损监测评估指标模型普适性较差;此外,已有研究多针对干旱灾害,鲜见对喀斯特地区植被生态同样具有较大影响的暴雨洪涝、冰冻等方面的相关研究报道。

各种生态工程的实施是喀斯特地区植被覆盖和生产力提高的重要原因。20 世纪 80 年代国家开始治理西南喀斯特地区的石漠化,实施了"长防""长治""珠治"等一系列生态工程(张军以 等,2015)。2000 年以来实施退耕还林还草、天然林保护等生态治理工程;2008 年开始设立石漠化治理试点县开展封山育林育草、人工造林种草、坡改梯、生态移民等石漠化综合治理工程及生态恢复工作;各种有利措施使得喀斯特退化生态系统得到一定程度的恢复。截至 2015 年我国西南喀斯特地区石漠化总面积降至 9.2 万 km²,演变趋势由加剧变为逐渐减缓(国家发展和改革委员会 等,2017;国家林业局,2012)。科学数据评估结果也证明,中国西南喀斯特地区的植被覆盖状况呈现持续增长的趋势(Tong et al,2017;Tian et al,2017)。国家和各级政府的积极生态恢复措施极大地改善了喀斯特地区植被生长环境条件,首先,坡耕地实施的种草、经济果林、水土保持林等种植策略有效调节了土壤容重和孔隙度,土壤保水能力增加和土壤结构的改善最终提高了土壤的抗侵蚀性(孙泉忠,2013)。其次,小型水利水保配套措施如坡改梯、排灌沟渠、蓄水池等的建设促进了合理拦蓄、降坡保土和水资源利用,改善了石漠化地区土壤水分供应状况,在一定程度上缓解了喀斯特生态系统因大部分地表降水通过岩体缝隙和地下水系管网流入地下深处造成的地表干旱缺水现象(Sweeting,1993)。封山育林、育草能够增加地上凋落物和根系转向土壤的营养输入,增加土壤养分含量(肖金玉 等,2015)。喀斯特地区植被改善是自然和人为多因素共同作用的结果,工程实施规模、投入资金体量和最终的工程效益并不一定成正比,需综合考虑气候、地形及人类管理等要素的影响(Tong et al,2017)。中国西南喀斯特地区在巨大的经济社会发展压力下,生态修复和治理仍是一个长期的过程,需要国家和地方政府进一步的政策引导和技术投入。

○ 1.3.3 植被生态恢复潜力评价

石漠化过程是植被及其生境逆向演替的过程(蓝安军,2002),由于喀斯特地区特殊的碳酸岩溶地质条件,脆弱生境使得植被群落顺向演替难,逆向演替易(周玮 等,2013)。植被恢复是借助人为力量,将逆向演替转变为顺向演替,通过植被群落的恢复使生态系统向良性循环的方向发展(李先琨 等,2002)。植被恢复潜力评价则是退化生态系统重新恢复到某种目标生态系统的能力,是制定生境胁迫立地生态恢复政策与实施方案的前提。

科学合理的评价方法和评价指标是喀斯特植被恢复潜力评价的关键。目前已经发展了德尔菲法、层次分析法、综合指数法、主成分分析法、模糊数学法等多种植被恢复潜力评价的方法(向志勇,2010)。喀斯特地区植被恢复作为一项综合性的工程,评价指标体系由于需要综合考虑植被的立地条件、土壤理化性质、植物群落多方面要素,且受学者专业背景及研究重点差异的影响,建立的评价指标体系差别较大。立地是在一定地段上所有能决定林草植被发展方向的物理和生物因素的总和,对喀斯特复杂地理环境植被恢复布局具有重要指导意义,直接决定植被可恢复程度(孙时轩 等,1996)。朱守谦等(1998)依据乌江流域喀斯特区环境特征,围绕人工造林障碍因子水分选取了岩性、水热、气温、降水、湿度及日照 6 个指标,将乌江流域喀斯特区划分为最困难区、中度困难区、一般困难区 3 个级别造林区。周应书等(2008)在确定地貌、海拔、基岩岩性、基岩裸露率与坡度 5 个主导因子的基础上,建立喀斯特山地植被恢复立地类型划分系统。土壤指标的选择对植被恢复评价潜力也非常重要(张伟 等,2013)。喀斯特地区土壤类型多样且异质性较大,土壤容重随着土壤质地、结构和有机质含量不同变异很大(周运超 等,2010)。植被演替对土壤质量具有重要影响,自然植被的正向演替是提高土壤质量的有效途径(王韵 等,2007),植被群落结构的差异决定了生态恢复潜力的大小。喻理飞(2000)和朱守谦等(2002)提出,群落自然恢复对策的变化是由早期更新对策向中期结构调整对策至后期结构功能协调完善对策更替;洼地、峰林、峰丛等不同植被群落应采取不同的恢复措施。已有的关于喀斯特地区植被恢复潜力评价研究中,土壤、植被、立地环境均是重要指标,胥晓刚等(2004)建立了边坡植被恢复质量的评价体系,主要以群落质量、土壤质量为评价指标。张珍明(2017)选择了土壤属性和坡度、海拔、岩石裸露率等 15 个因子评价了贵州省普定县代表性的高原型喀斯特地貌的植被恢复潜力。唐樱殷(2011)利用地上群落、繁殖体库、土壤基质和干扰状况 4 类指标群信息共 13 个指标,构建综合评价模型,评价了黔西北喀斯特区域退化植被的恢复潜力。

目前有关植被恢复相关研究多是以生态环境良好的自然保护区为研究区,针对喀斯特石漠化脆弱生态区的研究报道不多,由于不同植被生境具有较大的差异性,其林草植被恢复的途径与对策也应不同,但目前鲜见针对不同生境和驱动因素的喀斯特区植被恢复的相关研究。

1.4 研究主要内容

基于"3S"技术(遥感技术、地理信息系统、全球定位系统),利用长时间序列卫星遥感数据反演的植被生态信息和气象数据资料,采用植被光能利用率模型估算广西喀斯特地区植被的净初级生产力(NPP),通过研究其时空间变化规律,分析影响植被生态质量的植被类型、植被覆盖度、气象条件、环境条件等关系,揭示喀斯特地区植被生态质量的影响因素,分析植被生态恢复潜力,使用高精度遥感数据,选择典型的自然保护区开展喀斯特地区植被生态环境质量遥感监测。

(1)研究基于"3S"的广西喀斯特地区植被生态质量监测评估方法技术。利用多源遥感数据,提取广西喀斯特地区不同植被类型信息,研究其时空演变特征;利用卫星遥感数据反演的植被生态参数信息和气象观测数据资料,采用植被光能利用率模型估算喀斯特地区植被的植被净初级生产力(NPP),建立植被综合生态质量评估的指标体系和模型,研究喀斯特地区植被的覆盖度、植被 NPP、植被综合生态质量变化规律及其空间分布特征。

(2)研究植被生态时空演变驱动因素。利用 GIS(地理信息系统)技术,分析广西喀斯特地区地形、土壤、气候特点及其与植被生态质量的相关性,研究广西喀斯特地区植被生态演变影响因素,揭示地形、土壤、气候要素影响喀斯特地区植被生态质量的基本规律。

(3)研究植被生态恢复潜力评价方法。基于植被生态恢复相似生境原则及植被生态演变驱动因素影响,采用 GIS 技术和地统计方法,划分植被生态恢复潜力相似生境分区,建立广西喀斯特地区生态恢复潜力评价方法,划分喀斯特地区植被生态恢复潜力等级分区域,提出生态恢复治理建议。

(4)研发基于高分卫星遥感数据的植被生态质量监测评估系统。基于 GIS 二次开发技术,以植被生态质量监测评估算法模型为核心、高分卫星遥感数据和气象站观测数据为数据源,研发广西植被生态质量监测评估系统。选择典型的喀斯特地区自然保护区的核心区,开展广西喀斯特地区植被生态环境质量遥感动态监测,检验其植被生态质量评估的可靠性、科学性和准确程度,为广西喀斯特地区生态保护、恢复治理提出意见和建议。

1.5 研究技术路线

利用卫星遥感数据、无人机数据、气象观测数据、生态观测站数据、基础地理信息数据,以广西喀斯特地区为研究对象,融合"3S"技术和生态模型,研究植被生态参数反演技术,提取植被生态系统类型遥感信息,计算植被指数、植被覆盖度、植被净初级生产力,构建植被综合生态质量监测评估指标体系及模型,分析植被质量生态时空演变特征,分析植被生态演变与气候资源、地理环境的关系,揭示植被生态演变影响因素,划分植被生态演变驱动力分区,构建植被生态恢复潜力评价模型,划分植被生态恢复潜力等级分区,提出植被生态恢复治理建议。研究技术路线如图1.1所示。

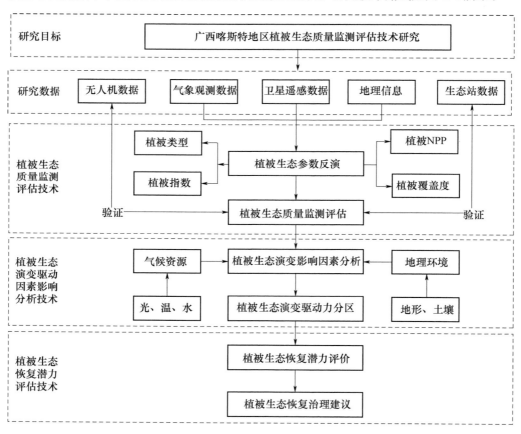

图 1.1 研究技术路线图

1.6 本章小结

本章从研究的背景、意义、国内外研究进展、研究内容、研究技术路线进行了介绍。通过研究基本能够摸清广西喀斯特地区植被生态质量技术方法、影响喀斯特地区植被生态质量主要因素,以及喀斯特地区植被生态恢复潜力等问题,为广西喀斯特地区植被生态质量监测评估技术研究与应用打下了坚实基础。研究成果可为制定植被生态恢复治理工程规划和生态经济建设发展规划,以及开展岩溶石山区精准扶贫等工作,提供科学决策依据;同时也可以提高喀斯特地区植被生态质量,促进生态经济转型发展,增强生态脆弱区恢复治理的科学性、合理性,争取获得最大的治理效益和成果,能够实现可持续发展,进一步提升广西植被生态的整体质量做出应有的贡献;还可以带动生态领域其他应用研究方面的发展,如开展广西农田大宗作物(甘蔗)的固碳研究,为广西壮族自治区政府在落实生态补偿机制方面提供科学依据,为政府及相关部门提供生态文明建设政策和制度的落实提供决策参考。

参考文献

白晓东,2014. 基于图像的水稻关键发育期自动观测技术研究 [D]. 武汉:华中科技大学.

蔡江涛,付波霖,陈铁喜,等,2020. 基于 Sentinel-2 卫星多光谱数据的会仙喀斯特湿地植物理化参数反演研究 [J]. 湿地科学,18(6):693-705.

曹孟磊,肖继东,陈爱京,等,2016. 伊犁地区不同草地类型植被指数与气候因子的关系 [J]. 沙漠与绿洲气象,10(6):73-80.

陈起伟,熊康宁,兰安军,2014. 基于 3S 的贵州喀斯特石漠化遥感监测研究 [J]. 干旱区资源与环境,28(3):62-67.

陈燕丽,莫伟华,罗永明,等,2015b. 基于气候信息的喀斯特地区植被 EVI 模拟 [J]. 农业工程学报,31(9):187-194.

陈燕丽,莫伟华,莫建飞,等,2014. 不同等级石漠化区 MODIS-NDVI 与 MODIS-EVI 对比分析 [J]. 遥感技术与应用,29(6):943-948.

陈燕丽,黄敏堂,莫伟华,等,2015a. 基于 MODIS NDVI 的广西西南典型生态区植被变化对比监测 [J]. 气象科学,35(1):93-99.

陈燕丽,龙步菊,潘学标,等,2010. 基于 MODIS NDVI 和气候信息的草原植被变化监测 [J]. 应用气象学报,21(2):229-236.

陈燕丽,莫建飞,莫伟华,等,2018. 近 30 年广西喀斯特地区石漠化时空演变 [J]. 广西科学,25(5):184-190.

丁文荣,2016. 滇中地区植被 NDVI 时空演变特征及其驱动因素 [J]. 水土保持通报,36(6):252-257.

董丹,倪健,2011. 利用 CASA 模型模拟西南喀斯特植被净第一性生产力 [J]. 生态学报,31(7):1855-1866.

段纪维,钟九生,江丽,等,2020. 基于哨兵 2 可见光波段的喀斯特地区植被提取方法 [J]. 林业资源管理,(6):143-152.

耿仁方,付波霖,金双根,等,2020. 面向对象的无人机遥感影像岩溶湿地植被遥感识别 [J]. 测绘通报,(11):13-18.

国家发展和改革委员会,国家林业局,农业部,等,2016. 关于印发《岩溶地区石漠化综合治理工程“十三五”建设规划》的通知 [EB/OL]. (2016-03-21) [2017-09-15]. http://www. ndrc. gov. cn/gzdt/201604 /t20160422_798771. html.

国家林业局,2012. 中国石漠化状况公报 [R]. 北京:国家林业局.

韩丁,武慧娟,马子寅,等,2019. 草原典型牧草的特征提取与识别研究 [J]. 中国草地学报,41(4):128-135.

黄晓云,林德根,王静爱,等,2013. 气候变化背景下中国南方喀斯特地区 NPP 时空变化 [J]. 林业科学,49(5):10-16.

姜岩,2016. 生态工程下桂西北植被 NPP 时空演变及影响因素分析 [D]. 成都:成都理工大学.

康为民,罗宇翔,向红琼,等,2010. 贵州喀斯特山区的 NDVI-Ts 特征及其干旱监测应用研究 [J]. 气象,36(10):78-83.

匡昭敏,朱伟军,黄永璘,等,2009. 广西喀斯特干旱农业区干旱遥感监测模型研究 [J]. 自然灾害学报,18

（1）：112-117.

兰小丽，孙慧兰，许玉凤，2020. 贵州植被 NPP 时空格局及其对气候变化的响应［J］. 安徽农学通报，26（18）：162-166.

蓝安军，2002. 喀斯特石漠化过程、演化特征与人地矛盾分析［J］. 贵州师范大学学报（自然科学版），20（1）：40-45.

李辉霞，周红艺，余俊，2015. 桂西北典型喀斯特地区植被生产力时空变化特征分析［J］. 江苏农业科学，（6）：330-332.

李森，董玉祥，王金华，2007. 土地石漠化概念与分级问题再探讨［J］. 中国岩溶，26（4）：279-284.

李先琨，何成新，2002. 西部开发与热带亚热带岩溶脆弱生态系统恢复重建［J］. 农业系统科学与综合研究，18（1）：13-169.

刘志平，匡昭敏，马瑞升，等，2020. 基于图像特征的甘蔗出苗期自动识别技术研究［J］. 甘蔗糖业，49（5）：41-46.

陆明，申双和，王春艳，等，2011. 基于图像识别技术的夏玉米生育期识别方法初探［J］. 中国农业气象，32（3）：423-429.

吕妍，张黎，闫慧敏，等，2018. 中国西南喀斯特地区植被变化时空特征及其成因［J］. 生态学报，38（24）：8774-8786.

马守存，保广裕，郭广，等，2018.1982—2013 年黄河源区植被变化趋势及其对气候变化的响应［J］. 干旱气象，36（2）：226-233.

毛留喜，李朝生，侯英雨，等，2006.2006 年上半年全国生态气象监测与评估研究［J］. 气象，32（12）：88-95.

毛留喜，钱拴，侯英雨，等，2007.2006 年夏季川渝高温干旱的生态气象监测与评估［J］. 气象，33（3）：83-88.

蒙吉军，王钧，2007. 20 世纪 80 年代以来西南喀斯特地区植被变化对气候变化的响应［J］. 地理研究，26（5）：857-865.

莫建飞，陈燕丽，莫伟华，2021. 岩溶生态系统水土流失敏感性关键指标和评估模型比较［J］. 水土保持研究，28（2）：256-266.

莫建飞，莫伟华，陈燕丽，2019. 基于净初级生产力的广西喀斯特区生物多样性维护功能评价［J］. 科学技术与工程，19（29）：371-377.

戚涛，2007. 基于遥感的区域植被生态环境质量综合评价研究［D］. 武汉：华中科技大学.

钱拴，毛留喜，侯英雨，等，2008. 北方草地生态气象综合监测预测技术及其应用［J］. 气象，34（11）：62-68.

钱拴，延昊，吴门新，等，2020. 植被综合生态质量时空变化动态监测评价模型［J］. 生态学报，40（18）：6573-6583.

曲学斌，张煦明，孙卓，2019. 大兴安岭植被 NDVI 变化及其对气候的响应［J］. 气象与环境学报，35（2）：77-83.

任扬航，马明国，张霞，等，2016. 典型喀斯特石漠化地区植被动态监测与土地利用变化的影响分析［J］. 中国岩溶，35（5）：550-556.

孙泉忠，刘瑞禄，陈菊艳，等，2013. 贵州省石漠化综合治理人工种草对土壤侵蚀的影响［J］. 水土保持学报，27（4）：67-72，77.

孙时轩，1996. 造林学［M］.2 版. 北京：中国林业出版社：224.

唐樱殷，2011. 黔西北喀斯特区域退化植被恢复潜力评价［D］. 北京：中国科学院大学.

田鹏举，吴仕军，徐丹丹，等，2017. 贵州喀斯特石漠化植被时空变化特征研究［J］. 贵州气象，41（5）：20-24.

童晓伟，王克林，岳跃民，等，2014. 桂西北喀斯特区域植被变化趋势及其对气候和地形的响应［J］. 生态学报，34（12）：3425-3434.

王冰,杨胜天,2006. 基于 NOAA/AVHRR 的贵州喀斯特地区植被覆盖变化研究 [J]. 中国岩溶,25(2): 157-162.

王金亮,高雁,2010. 云南省近 20 年植被动态变化遥感时序分析 [J]. 云南地理环境研究,22(6):1-7.

王磊,2015. 浅谈喀斯特石漠化的生态治理 [J]. 地球,(8):326-326.

王梦娟,2019. 基于多源遥感数据的岩溶石漠化信息提取研究 [D]. 兰州:兰州理工大学.

王怡,涂宇,罗斐,等,2020. 彩色图像分割方法综述 [J]. 电脑知识与技术,16(23):183-184,188.

王玉,2014. 基于图像处理技术的小麦发育期自动观测研究 [D]. 武汉:华中科技大学.

毋立芳,汪敏贵,付亨,等,2018. 深度目标检测与图像分类相结合的棉花发育期自动识别方法 [J]. 中国科技论文,13(20):2309-2316.

王韵,王克林,邹冬生,等,2007. 广西喀斯特地区植被演替对土壤质量的影响 [J]. 水土保持学报,21(6): 130-134.

吴继忠,吴玮,2016. 基于 GPS-IR 的美国中西部地区 NDVI 时间序列反演 [J]. 农业工程学报,32(24): 183-188.

向志勇,2010. 邵阳县石漠化区不同植被恢复模式生物量及营养元素分布 [D]. 长沙:中南林业科技大学.

肖飞鹏,2017. 基于 MODIS 的广西桂中岩溶区干旱遥感监测研究 [J]. 科技经济市场(11):20-22.

肖金玉,蒲小鹏,徐长林,2015. 禁牧对退化草地恢复的作用 [J]. 草业科学,32(1):138-145.

熊玲,殷克勤,吴麟,等,2011. 乌鲁木齐地区生长季 NDVI 序列影像的植被覆盖变化分析 [J]. 沙漠与绿洲气象,05(6):54-58.

胥晓刚,杨冬生,胡庭兴,等,2004. 不同植物种类在公路边坡植被恢复中的适应性研究 [J]. 公路,(6): 157-161.

杨超,王金亮,2015. 基于 MODIS 数据的滇东南喀斯特地区干旱遥感反演 [J]. 云南师范大学学报(自然科学版),35(4):69-78.

叶骏菲,陈燕丽,莫伟华,等,2019. 典型喀斯特区植被变化及其与气象因子的关系——以广西百色市为例 [J]. 沙漠与绿洲气象,13(5):106-113.

尹林江,周忠发,李韶慧,等,2020. 基于无人机可见光影像对喀斯特地区植被信息提取与覆盖度研究 [J]. 草地学报,28(6):1664-1672.

喻理飞,朱守谦,叶镜中,等,2000. 退化喀斯特森林自然恢复评价研究 [J]. 林业科学,36(6):12-19.

张宏群,安裕伦,2004. 利用多时相 TM 影像分析贵州惠水喀斯特地区植被的变化 [J]. 安徽师范大学学报(自科版),27(1):109-113.

张军以,戴明宏,王腊春,等,2015. 西南喀斯特石漠化治理植物选择与生态适应性 [J]. 地球与环境,43 (3):269-278.

张梦宇,张黎,任小丽,等,2020. 中国西南地区土地利用/覆盖变化对净初级生产力的影响:以环江毛南族自治县为例 [J]. 资源与生态学报(英文版),11(6):606-616.

张伟,高万功,赵之旭,等,2013. 荒漠化土壤探讨对人工植被恢复工程的研究 [J]. 低碳世界,(20):10-11.

张勇荣,周忠发,马士彬,等,2014. 基于 NDVI 的喀斯特地区植被对气候变化的响应研究——以贵州省六盘水市为例 [J]. 水土保持通报,34(4):114-117.

张珍明,2017. 喀斯特石漠化土壤有机碳分布、储量及植被恢复潜力评估 [D]. 贵阳:贵州大学.

张志慧,刘雯,李笑含,等,2020. 基于无人机航摄影像的喀斯特地区裸岩信息提取及景观格局分析 [J]. 地球信息科学学报,22(12):2436-2444.

赵志平,吴晓莆,李果,等,2015.2009—2011 年我国西南地区旱灾程度及其对植被净初级生产力的影响 [J]. 生态学报,35(2):350-360.

周玮,高渐飞,2013. 喀斯特石漠化区植被恢复研究综述 [J]. 绿色科技,(7):4-7.

周应书,何兴辉,谢永贵,等,2008. 毕节喀斯特山地植被恢复立地类型划分 [J]. 林业科学,44(12): 123-128.

周运超,王世杰,卢红梅,2010. 喀斯特石漠化过程中土壤的空间分布 [J]. 地球与环境,38(1):1-7.

朱守谦,何纪星,祝小科,1998. 乌江流域喀斯特区造林困难程度评价及分区 [J]. 山地农业生物学报,17(3):129-134.

朱守谦,陈正仁,魏鲁明,2002. 退化喀斯特森林自然恢复的过程和格局 [J]. 贵州大学学报(农业与生物科学版),21(1): 19-25.

Chen Y, Mo W, Huang Y, et al,2021. Changes in vegetation and assessment of meteorological conditions in ecologically fragile Karst areas [J]. Journal of Meteorological Research,35(1):172-183.

Sweeting M M, 1993. Reflections on the development of Karst geomorphology in Europe and a comparison with its development in China [J]. Zeitschrift für Geomorphologie, (37): 127-136.

Tian Y C, Bai X Y, Wang S J, et al, 2017. Spatial-temporal changes of vegetation cover in Guizhou Province, Southern China [J]. Chinese Geographical Science, 27(1):25-38.

Tong X W, Brandt M, Yue Y M, et al,2018. Increased vegetation growth and carbon stock in China karst via ecological engineering [J]. Nature Sustainability, 1(1):44-50.

Tong X W, Wang K L, Yue Y M, et al, 2017. Quantifying the effectiveness of ecological restorationprojects on long-term vegetation dynamics in the karst regions of Southwest China [J]. International Journal of Applied Earth Observations and Geoinformation, (54): 105-113.

第 2 章 研究区概况与数据源

广西喀斯特地区植被生态质量监测评估采用了"天—空—地"一体化数据协同技术,为揭示植被生态时空演变特征,分析植被生态时空演变驱动力影响因素,研发植被生态质量监测评估系统奠定数据基础,研究资料包括卫星遥感、无人机、生态观测站、气象观测站等多源数据。

2.1 研究区概况

○ 2.1.1 自然条件

1. 地理位置

广西喀斯特地区岩溶地貌发育典型、分布广阔,总面积达 833.4 万 hm²,占我国西南地区岩溶土地总面积的 18.9%,占广西土地总面积的 35.1%。集中分布于 21°57′—26°06′N,105°02′—111°43′E,主要包括西江流域中上游的河池市、百色市、桂林市、崇左市、南宁市等老、少、边、山地区(图 2.1)。

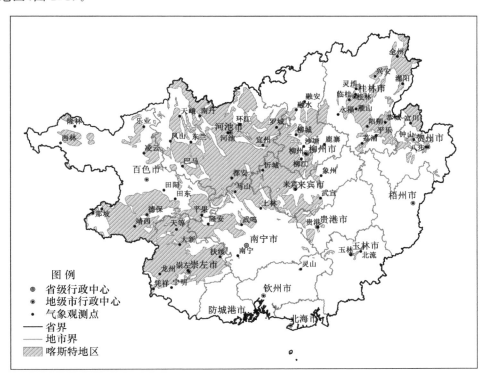

图 2.1 广西喀斯特地区示意图

2. 地形地貌

广西喀斯特地区岩溶地貌大致分为峰丛洼地、峰林谷地、孤峰、残丘等类型,整体地势由桂西、桂西北、桂东北部逐步向桂中、桂东南倾斜。峰丛洼地主要分布于桂西、桂西北,海拔可达 1000 m 以上;峰林谷地主要分布于桂北、桂东北、桂中、桂西以及桂西南部分地区,多为长条状谷地或者为宽阔的溶蚀洼地;孤峰、残丘主要分布于桂中宾阳、横县、覃塘区一带,分散式分布于溶蚀平原之上。

3. 气候

广西喀斯特地区属亚热带季风气候,雨热同期,降水量时空分布不均。年平均气温 17~23 ℃,年降雨量 1100~1500 mm,大雨、暴雨频率高,多集中在 5—9 月,大暴雨极易引发石漠化植被稀少地区的水土流失。气候变化背景下该地区旱涝、高温热害、冰雹、寒露风以及霜冻害等灾害性天气出现频率较大。

4. 土壤

广西岩溶地区土壤以石灰岩土为主,分为黑色、棕色、黄色和红色四类石灰土。黑色石灰土零星分布于石灰岩山地上部的岩缝和坡麓低洼地;棕色石灰土多分布于石山下坡和山弄槽谷;黄色石灰土多在海拔较高的石灰岩山地上;红色石灰土主要分布在桂东北溶蚀平原区。

5. 植被

广西喀斯特地区植被类型较复杂,主要有热带雨林性常绿阔叶林、中亚热带典型常绿阔叶林、南亚热带季雨林化常绿阔叶林。主要乔木树种有马尾松、柏木、栎类等;灌木有小果蔷薇、火棘、龙须藤等;草丛以蕨类、扭黄茅、龙须草等为主。主要经济树种有柑橘、板栗、核桃、八角、油桐、火龙果等;竹类有楠竹、吊丝竹、麻竹等。

○ 2.1.2 石漠化状况及影响

根据 2012 年岩溶地区第二次石漠化监测结果,广西石漠化土地面积为 192.6 万 hm²,占广西土地总面积的 8.14%,居全国第三位,仅次于贵州和云南,主要集中在河池市、百色市、崇左市等 9 个市 76 个县(市、区)。广西喀斯特地区石漠化对工农生产、人民群众生命财产、社会经济、生态安全造成了不利的影响。

1. 威胁生命财产安全

广西喀斯特地区平均每年因自然灾害造成直接经济损失达上亿元。"小雨大涝,无雨则旱"是石漠化地区的普遍现象。目前广西岩溶石山区每年缺水 4~5 个月,至少有 100 多万人存在饮水困难问题,对工农业生产和人民群众的生命财产安全构成极大威胁。

2. 阻碍区域经济发展

广西喀斯特地区成为广西农村贫困面最广、贫困人口最多、贫困程度最深的地区,严重制约了广西经济社会的可持续发展,影响全面建设小康、构建和谐社会目标的实现。

3. 威胁珠江流域的生态安全

广西石漠化地区广泛分布于整个珠江流域中上游的红水河流域,水土流失导致大量的泥沙淤积河床,阻塞河道,制约沿河水电工程发挥综合效能,降低泄洪和通航能力;干旱频发导致来水少、咸潮上溯和水环境恶化,直接威胁河道两岸群众生命财产的安全,以及下游珠江三角洲地区和港澳特区的生态安全。

2.2 卫星遥感数据

○ 2.2.1 MODIS NDVI

MODIS NDVI 采用 NASA MODIS 统一算法开发的全球 250 m 分辨率 16 d 合成植被指数产品 MOD13Q1。MODIS NDVI 数据采用了国际通用的最大值合成 MVC(Maximum Value Composites)法获得。该法可以进一步消除云、大气、太阳高度角等的部分干扰,公式如下:

$$NDVI_{m,i} = \max(NDVI_{i,j}) \tag{2.1}$$

式中：$NDVI_{m,i}$ 为第 i 个 16 d 周期的 $NDVI$ 最大合成值，$NDVI_{i,j}$ 为第 i 个 16 d 周期第 j 天 $NDVI$ 值。

由于云雨天气的影响，广西喀斯特地区 $NDVI$ 数据云污染像元仍然较多，采用样条插值法，处理云污染像元，重构高质量 $NDVI$ 数据序列。三次样条插值法，简称 Spline 插值，其原理为：通过一系列形值点的一条光滑曲线，数学上通过求解三弯矩方程组得出曲线函数组的过程。定义：函数 $S(x) \in C2[a,b]$，且在每个小区间 $[x_j, x_{j+1}]$ 上是三次多项式，其中 $a = x_0 < x_1 < \cdots < x_n = b$ 是给定节点，则称 $S(x)$ 是节点 $x_0, x_1, \cdots, x_n$ 上的三次样条函数。若在节点 x_j 上给定函数值 $Y_j = f(x_j)(j=0,1,\cdots,n)$，并成立 $S(x_j) = y_j(j=0,1,\cdots,n)$，则称 $S(x)$ 为三次样条插值函数。

对所获得的 MOD13Q1 遥感数据集进行子集提取、图像镶嵌、数据格式转换、投影转换及质量重构等预处理，可获得质量可靠的 NDVI 数据集（表 2.1）。

表 2.1　MODIS NDVI 数据集列表

序号	时间分辨率	空间分辨率/m	数据格式	数据量/GB	年份	质量控制
1	年	250	栅格	1.01	2000—2019	最大值、去云处理
2	季	250	栅格	1.62	2000—2019	最大值、去云处理
3	月	250	栅格	5.58	2000—2019	最大值合成、去云处理

○ 2.2.2　Landsat TM/ETM/OLI

广西喀斯特地区晴空遥感数据主要来源于陆地资源卫星 Landsat5 TM、Landsat7 ETM 与 Landsat8 OLI，遥感影像数据的空间分辨率为 15～30 m，TM/ETM/OLI 波段、波长范围及分辨率情况见表 2.2。

表 2.2　TM/ETM/OLI 遥感数据各波段、波长范围及分辨率

TM			ETM			OLI		
波段	波长范围/μm	分辨率/m	波段	波长范围/μm	分辨率/m	波段	波长范围/μm	分辨率/m
1	0.45～0.53	30	1	0.45～0.515	30	1	0.433～0.453	30
2	0.52～0.60	30	2	0.525～0.605	30	2	0.450～0.515	30
3	0.63～0.69	30	3	0.63～0.690	30	3	0.525～0.600	30
4	0.76～0.90	30	4	0.75～0.90	30	4	0.630～0.680	30
5	1.55～1.75	30	5	1.55～1.75	30	5	0.845～0.885	30
6	10.40～12.50	60	6	10.40～12.50	60	6	1.560～1.660	30
7	2.08～2.35	30	7	2.09～2.35	30	7	2.100～2.300	30
			8	0.52～0.90	15	8	0.500～0.680	15
						9	1.360～1.390	30

1. 卫星遥感数据成像统计

选用了覆盖广西全境的 2000—2019 年的 Landsat5 TM（2005 年、2010 年）、Landsat7 ETM＋（2000 年）与 Landsat8 OLI（2015 年、2019 年）五个时相 103 景 TM/ETM/OLI 卫星遥感影像数据，其中，2005 年、2010 年二个时相为 Landsat5 的 TM 遥感影像数据；2000 年时相为 Landsat7 的 ETM 遥感影像数据；2015 年、2019 年时相为 Landsat8 的 OLI 遥感影像数据。遥感数据时间以秋冬季节为主，其中 10—11 月数据占 63%，9 月和 12 月的数据占 17%，其他月数据占 20%；遥感影像数据分景详见图 2.2，成像时间情况详见表 2.3 和图 2.3。

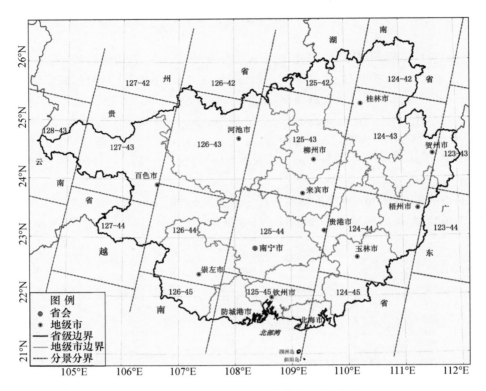

图 2.2 TM/ETM/OLI 遥感数据分景图

表 2.3 广西喀斯特地区晴空遥感数据表

年度	成像时间/（年/月/日）	传感器	影像级别	影像行列号
2000	1999/9/24	ETM+	L1TP	126043；126044；126045
	1999/12/27	ETM+	L1TP	128043
	2000/5/21	ETM+	L1TP	126042
	2000/10/30	ETM+	L1TP	124042；124043；124044；124045
	2000/11/04	ETM+	L1TP	127042；127043；127044
	2000/12/24	ETM+	L1TP	125042；125043；125044；125045
	2000/12/26	ETM+	L1TP	123043；123044
2005	2004/5/8	TM	L1TP	126042；126043
	2004/11/18	TM	L1TP	124042；124043
	2004/12/02	TM	L1TP	126044；126045
	2005/4/7	TM	L1TP	128043
	2005/9/11	TM	L1TP	123043；123044
	2005/10/9	TM	L1TP	127042；127043；127044
	2005/10/11	TM	L1TP	125042；125043；125044；125045
	2005/11/21	TM	L1TP	124044；124045
2010	2009/1/9	TM	L1TP	123043；123044
	2009/1/16	TM	L1TP	124042；124043；124044；124045
	2009/10/6	TM	L1TP	125045
	2009/11/5	TM	L1TP	127042

年度	成像时间/(年/月/日)	传感器	影像级别	影像行列号
2010	2010/1/31	TM	L1TP	128043
	2010/11/1	TM	L1TP	126044；126045
	2010/11//8	TM	L1TP	127044
	2010/11/10	TM	L1TP	125042；125043
	2010/12/28	TM	L1TP	125044
	2011/5/19	TM	L1TP	127043
	2011/5/28	TM	L1TP	126042；126043
2015	2014/12/30	OLI	L1TP	126042；126043；126044；126045
	2015/3/18	OLI	L1TP	128043
	2015/4/14	OLI	L1TP	125042；125043；125044；125045
	2015/4/16	OLI	L1TP	123043；123044
	2015/10/16	OLI	L1TP	124042；124043；124044；124045
	2016/2/10	OLI	L1TP	127042；127043；127044
2019	2019/3/29	OLI	L1TP	128043
	2019/4/7	OLI	L1TP	127042
	2019/9/23	OLI	L1TP	126042；126043；126044；126045
	2019/9/25	OLI	L1TP	124043；124044；124045
	2019/9/30	OLI	L1TP	127043；127044
	2019/10/2	OLI	L1TP	125042；125043
	2019/11/5	OLI	L1TP	123043
	2019/11/12	OLI	L1TP	124042
	2019/12/5	OLI	L1TP	125044；125045
	2019/12/7	OLI	L1TP	123044

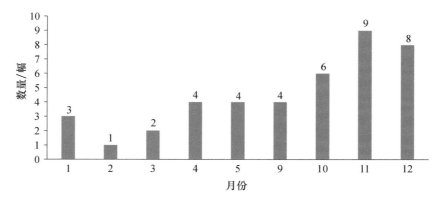

图 2.3　LandsatTM/ETM/OIL 卫星遥感数据成像月统计

2. 卫星遥感数据处理

采用 ENVI 图像处理系统对 TM/ETM/OLI 遥感影像数据进行预处理,主要包括几何校正、辐射定标、大气校正、影像合成等。

（1）几何校正

以配准好的广西 1988 时相的 30 m×30 m 分辨率 TM 遥感影像为基准,采用图像对图像的方法选取适当的控制点,利用三次卷积和最邻近内插法,对图像进行几何精度纠正,误差控制在 1～2 个像元内(表 2.4)。

表 2.4　几何校正地面控制点选取及匹配结果

序号	Base X	Base Y	Warp X	Warp Y	Predict X	Predict Y	Error X	Error Y	RMS
1	6257.83	1463.33	7958.83	1758.83	7958.64	1758.50	−0.19	−0.33	0.38
2	3978.00	1203.00	5222.47	1445.93	5222.27	1446.07	−0.20	0.14	0.25
3	7009.94	1213.00	8861.00	1458.00	8861.25	1458.11	0.25	0.11	0.27
4	2199.00	778.67	3086.75	936.75	3087.03	936.85	0.28	0.10	0.30
5	1766.00	2273.70	2567.60	2731.07	2567.52	2730.90	−0.08	−0.17	0.19
6	2960.90	2193.00	4001.93	2634.00	4001.70	2634.07	−0.23	0.07	0.24
7	4553.90	2630.00	5914.00	3158.53	5913.82	3158.50	−0.18	−0.03	0.18
8	6021.00	3829.00	7675.00	4597.00	7675.13	4597.35	0.13	0.35	0.37
9	4090.00	4181.10	5357.13	5020.00	5357.36	5019.83	0.23	−0.17	0.28
10	2347.90	3990.00	3266.13	4790.67	3266.20	4790.48	0.07	−0.19	0.20
11	954.90	4147.90	1594.00	4979.92	1594.13	4979.93	0.13	0.01	0.13
12	5748.00	5852.00	7348.00	7025.00	7348.05	7024.98	0.05	−0.02	0.06
13	4376.00	5762.85	5701.27	6918.07	5701.04	6917.96	−0.23	−0.11	0.26
14	648.92	5223.92	1226.93	6271.00	1226.91	6271.15	−0.02	0.15	0.15
15	3049.00	5793.92	4108.07	6955.13	4108.08	6955.21	0.01	0.08	0.08

(2)辐射定标

Landsat5/7TM/ETM+影像应用查找表法进行辐射定标,公式如下:

$$L_\lambda = LMIN_\lambda + (\frac{LMAX_\lambda - LMIN_\lambda}{QCALMAX - QCALMIN})(QCAL - QCALMIN) \tag{2.2}$$

式中:$QCAL$ 为原始量化的 DN(卫星载荷观测值)值,$LMIN_\lambda$ 为 $QCAL=0$ 时的辐射亮度值,$LMAX_\lambda$ 为 $QCAL=QCALMAX$ 时的辐射亮度值,LPGS 产品 $QCALMIN$ 取值为 1(2004 年 4 月 4 日前 NLAPS 产品的 $QCALMIN$ 取值为 0,其余时间 $QCALMIN$ 取值为 1),$QCALMAX$ 根据像元信息取值。

Landsat8 OLI 影像辐射定标即获取影像表观反射率,计算公式如下:

$$R = \frac{M_p \cdot Q_{cal} + A_p}{\sin(\theta)} \tag{2.3}$$

式中:M_p 为增益系数,A_p 为偏移参数,θ 为太阳高度角,通过查看头文件,可以获得以上参数;M_p 为 $2.0000+10^{-5}$,A_p 为 -0.100000,θ 为 151.14133894,Q_{cal} 为影像的亮度值(DN 值)。

(3)大气校正

大气校正的目的在于还原目标物的真实反射率,使用开源的 6S 模型(second simulation of the satellite signal in the solar spectrum)来进行大气校正处理。6S 模型参数设置主要包含:几何参数,主要包括太阳高度角、太阳方位角、卫星高度角、卫星观测角、影像获取日期(月、日)等;气候类型,可以根据影像的时间和卫星自动选取气候类型;气溶胶类型,统一采用大陆(continental)气溶胶类型。能见度,在 FLAASH 大气校正模块(fast line-of-sight atmospheric analysis of spectral hypercubes)中设置为默认的 40 km,在使用 6S 模型时与 FLAASH 保持一致都设置为 40 km,对应的 550 nm 气溶胶厚度为 0.14497;目标高度,影像的平均高程可以借助 DEM 和影像头文件中的位置信息计算得到;传感器高度,选择卫星传感器,光谱响应函数,选择 6S

模型有自带的影像光谱响应函数;大气校正模式,采用辐射亮度大气校正模式。

　　(4)影像合成

　　选取 543 波段或者 743 波段进行图像增强和图像镶嵌,色调匹配以图像清晰、色差适当、层次分明、信息丰富,合成待分析处理的全区遥感影像,利用广西喀斯特地区边界数据进行裁剪,生成广西喀斯特地区卫星遥感影像图。

○ 2.2.3　GF-1

　　监测遥感影像优先选用 2016 年全年的高分一号(GF-1)2 m 分辨率遥感影像,未覆盖区域使用高分 2 号、资源 3 号遥感影像进行补充。数据预处理主要包括辐射校正、几何校正、影像配准、影像融合及镶嵌等步骤,最终生成标准化正射影像(DOM)。

　　1. 辐射定标

　　通过辐射定标将卫星各载荷的通道观测值计数值 DN 转换为卫星载荷入瞳处等效表观辐亮度数据,公式如下:

$$L_e(\lambda_e) = Gain \cdot DN + Bias \tag{2.4}$$

式中:$L_e(\lambda_e)$ 为地物在大气顶部的辐射能量值,单位为 W/(m^2 · sr · μm),$Gain$ 为定标斜率,单位为 W/(m^2 · sr · μm);DN 为卫星载荷观测值;$Bias$ 为定标截距,单位为 W/(m^2 · sr · μm)。

　　2. 大气校正

　　大气校正就是将获取的遥感数据定标后的表观反射率转换为能够反映地物真实信息的地表反射率。研究采用 6S 辐射传输模型,原理如下:

　　假定地表是朗伯体,大气水平均一,垂直变化,忽略大气湍流、折射的影响,辐射传输方程可以表示成:

$$L = L_0 + \frac{\rho}{1 - \rho s} E_0 \cos\theta T_d T_u \tag{2.5}$$

式中:L 为卫星接收到的辐亮度;L_0 为观测方向路径辐射;T_d、T_u 分别表示从太阳到地面、从地面到卫星大气层总的透过率;ρ 为地表二向反射率;s 为大气的半球反照率;系数 $1/(1-\rho s)$ 代表地面和大气层多次散射作用;E_0 为太阳常数;θ 为太阳天顶角。

　　3. 影像合成

　　基于图像几何纠正,在统一的坐标系中,裁剪图像重叠部分,再将裁剪后的多幅图像镶嵌在一起,并消除色彩差异,形成 2016 年广西全区 2 m 空间分辨率的高分遥感影像,利用广西喀斯特地区边界对遥感影像进行裁剪,得到 2016 年广西喀斯特地区遥感影像。

2.3　气象观测数据

　　收集及整理 2000—2019 年广西喀斯特地区及周边 62 个气象观测站日观测气象数据,包括气温、相对湿度、降水量、风速、日照时数等要素,分别统计月、季、年平均气温、平均相对湿度、日照时数、降水量、平均最低气温、平均最高气温、平均风速。气象数据来源于国家气象信息中心 CIMISS 数据库。

　　采用 GIS 的反距离权重(IDW)空间插值方法,对提取和计算出来的气象站单点数据生成 250 m×250 m 的气象栅格数据。

$$Z_0 = \sum_{i=1}^{n} \frac{1}{(d_i)^p} Z_i \left[\sum_{i=1}^{n} \frac{1}{(d_i)^p} \right]^{-1} \tag{2.6}$$

$$d_i = \sqrt{(x_0-x_i)^2+(y_0-y_i)^2} \qquad (2.7)$$

式中:Z_0为点0的估计值;Z_i为控制点$i(i=1,2,\cdots,n)$的值,p为距离的幂,d_i为控制点i与点0间的距离;n为在估计中用到的控制点的数目。

2.4 无人机影像数据

广西喀斯特地区地形复杂,大型固定翼无人机在该地区起降具有一定难度,综合考虑信号传输、便利便捷、使用成本等因素,旋翼无人机是在该区域开展植被生态遥感解译验证的适宜工具。

○2.4.1 无人机平台

DJI-Phantom4Pro 型无人机是由深圳大疆创新公司设计和研发的四旋翼式飞机(图2.4)。它是目前市面上无人机中性能最稳的无人机之一,可以适用于很多应用领域。同时 DJI-Phantom4 Pro 的续航能力也适用于较多的飞行任务,这也为广西喀斯特地区植被生态遥感验证提供有力的保障。DJI-Phantom4 Pro 飞机样式如图 2.4 所示,其主要性能参数见表2.5。飞行拍摄所搭载的相机为 FC6310 型相机,该相机的相关指标参数见表2.6。

图 2.4 DJI-Phantom4 Pro 型无人机

表 2.5 DJI-Phantom4 Pro 型无人机性能参数

指标	参数	指标	参数
机身尺寸	350 mm	最高工作海拔	6000 m
最大爬升速率	6 m/s	最大续航	30 min
最大巡航速度	20 m/s	抗风能力	10 m/s

表 2.6 DJI-Phantom4 Pro 搭载相机指标参数

指标	参数
相机型号	FC6310
传感器尺寸	1 英寸 CMOS
焦距	8.8 mm
影像分辨率	5472×3648 像素

○2.4.2 飞行航线设计

无人机航线的设计需要根据研究区地形地势特点,综合考虑影像分辨率、重叠度、飞行航高、影像覆盖范围等因素。在喀斯特地区开展验证,需考虑该地区大部分为山区、地势起伏较大、高程变化显著,不当的拍摄方式可能会损失部分信息。为了更好地设计飞行航线,需要了解研究区的地形地势特点以及植被、耕地与公路等信息要素的空间分布特征,以便于确定飞行航线的相关参数。因此,通过实地考察的方式来确定无人机安全飞行区域,并根据地形、地势特点和对影像质量的要求来确定航线参数。在拍摄方式选择方面,除了传统的垂直摄影方式,目前,倾斜摄影也是一种重要的无人机影像获取手段。在部分验证区进行垂直拍摄获取影像,而对地势起伏较大的山体采用倾斜拍摄补充,进而尽量获得山地全方位地物信息。航线详细的设计过程如下:

1. 影像分辨率

在航线设计阶段,应当结合航高与相机的焦距、光圈等参数计算航线的最低点的分辨率,具体计算公式如下:

$$GSD = \frac{H \times a}{f} \qquad (2.8)$$

式中:H 为相对航高,单位为 m;f 为摄影相机镜头焦距,单位为 mm;GSD 为地面分辨率,单位为 m;a 为像元大小,单位为 mm。

2. 影像重叠度

在山区采集影像时,为保证影像拼接顺利,在航线规划过程中应当满足拼接重叠度的要求。根据 GB/T 23236—2009《数字航空摄影测量 空中三角测量规范》(全国地理信息标准化技术委员会,2009),在设定飞行计划时航向重叠度设置不低于 80%,旁向重叠度设置不低于 60%。根据以下公式计算来保证重叠度。

$$P_x = P'_x + (1 - P'_x) \times \frac{\Delta h}{H_{相}} \qquad (2.9)$$

$$q_y = q'_y + (1 - q'_y) \times \frac{\Delta h}{H_{相}} \qquad (2.10)$$

式中:P_x 为按平均面高程设计的航向重叠度(以百分比表示);P'_x 为摄影后因地形起伏而获得的航向重叠度(以%表示);q_y 为按平均面高程设计的旁向重叠度(以%表示);q'_y 为摄影后因地形起伏而获得的旁向重叠度(以%表示);h 为突出点相对于基准面高程的高差,单位为 m;$H_{相}$ 为相对航高,单位为 m。

对喀斯特地区无人机植被生态遥感验证的区域进行航摄,涉及的航摄作业如表 2.7 所示。

表 2.7　广西喀斯特地区无人机检验航摄作业表

作业序号	拍摄时间	拍摄地点	主要验证内容	影像数量
1	2020 年 8 月 19 日 14:00	平果市太平镇	林地、其他用地	219 景
2	2020 年 8 月 19 日 15:00	平果市太平镇	林地、其他用地	15 景
3	2020 年 9 月 25 日 14:00	平果市海城乡	林地、耕地	185 景
4	2020 年 10 月 13 日 10:00	环江县大才乡	草地、耕地	50 景

3. 影像检查

根据 GB/T 23236—2009《数字航空摄影测量 空中三角测量规范》(全国地理信息标准化技术委员会,2009),采集的影像应满足以下条件:航向重叠度不应小于 53%;旁向重叠度最小不应小于 8%;相片倾角一般不大于 5°;最大不超过 12°;出现超过 8°的影像数不多于总数的 10%;同一航线上相邻相片的航高差不应大于 30 m,最大航高与最小航高差不应大于 50 m。根据实际的调查内容而言,不考虑相片实际倾角,在实际影像中允许倾斜摄影影像存在。

经过检查,无人机拍摄的影像航向重叠度、旁向重叠度、高度差均满足 GB/T 23236—2009《数字航空摄影测量 空中三角测量规范》(全国地理信息标准化技术委员会,2009)中的要求,照片清晰,无模糊影像存在,影像质量均理想。

2.5　生态气象站数据

○ 2.5.1　图像获取

马山站是广西建成的第一个喀斯特地区石漠化生态站,架设有 3 个视角的可见光传感器,每个传感器在每天 8:00—16:00 每隔 1 h 自动采集 1 张数字图像。3 个视角下的图像如表 2.8 所示,视角 1 为喀斯特石山,视角 2 为石山一侧山坡的近景,视角 3 为石山平地处。视角 1 的拍摄时间为 2018 年 12 月 7 日—2020 年 6 月 9 日,视角 2 的拍摄时间为 2018 年 12 月 7 日—2020 年 6 月 9 日,视角 3 的拍摄时间为 2018 年 12 月 7 日—2019 年 7 月 17 日,3 个视角下获取的图像数量分别为 8129 张、4243 张和 2660 张。

表 2.8 马山站图像数据概况

	视角 1	视角 2	视角 3
图像			
开始时间/(年/月/日)	2017/12/07	2017/12/07	2017/12/07
结束时间/(年/月/日)	2020/06/09	2020/06/09	2019/07/17
图像数量/张	8129	4243	2660

自然条件下植被图像不仅受到光照变化的影响,而且其成像质量会因降雨而大幅降低。一方面,图像预处理时采用不同的图像分割方法亦会产生不同的结果,需要针对性地选取指标领先的分割算法;另一方面,科学合理地揭示植被参数的时序变化规律需要保证图像质量的同时保持采集时间的一致性。因此,现阶段在马山站所采集数据的基础上,首先通过多算法比较分析得出机器学习是效果最好的分割算法,然后通过不同时间点的植被参数的变异分析得出采用 8:00 所获取的图像进行植被参数的时序分析。

○ 2.5.2 图像参数解析

采用基于颜色空间、颜色通道非线性组合和机器学习的绿色植被图像分割算法,并比较三者在分割植被数字图像中绿色植被的准确性。第一种方法是在 HSV(Hue,色调;Saturation,饱和度;Value,明度)和 Lab(Luminosity,亮度;a,从红色至绿色的范围;b,从黄色到蓝色的范围)颜色空间中的 S 通道和 a 通道的植被与背景存在显著差异的基础上,采用 S 通道和 a 通道作为 Otsu(最大类间方差法)阈值分割算法的输入值,利用植被与背景在上述颜色通道直方图分布的双峰特性实现自动分割。第二种方法是通过颜色通道之间的非线性组合(如 ExG 颜色指标),增强绿色分量占比实现绿色植被分割识别。第三种方法采用 K-means 非监督聚类产生训练样本,经筛选后聚类样本作为支持向量机(support vector machine,SVM)植被—背景分类器训练样本,最后对背景—植株分割图像进行非局部均值(non-local mean,NLM)滤波,去除边缘错分像素。

分别采用机器学习方法和基于颜色特征空间的阈值分割方法处理不同光照下的图像序列,采用人工标注的结果作为参考,评估以上几种方法的准确性,评判标准如下:

$$Qseg = \frac{\sum_{i=0}^{i=m}\sum_{j=0}^{j=n}(A(p)_{ij} \bigcap B(p)_{ij})}{\sum_{i=0}^{i=m}\sum_{j=0}^{j=n}(A(p)_{ij} \bigcup B(p)_{ij})} \tag{2.11}$$

$$Sr = \frac{\sum_{i=0}^{i=m}\sum_{j=0}^{j=n}(A(p)_{ij} \bigcap B(p)_{ij})}{\sum_{i=0}^{i=m}\sum_{j=0}^{j=n}B(p)_{ij}} \tag{2.12}$$

式中:A 是图像处理方法分割得到的前景像素集($p=255$)或背景像素集($p=0$),B 为人工方法取得的图像前景像素集($p=255$)或背景像素集($p=0$),m、n 分别为图像的行数和列数,i、j 分别为对应的坐标。A 和 B 的一致性越高,$Qseg$ 和 Sr 的值就越大,表明分割的精度就越高。$Qseg$ 值表明了分割结果背景和前景的一致性,而 Sr 值只表明了前景的一致性。基于这两个值,将机器学习法和基于颜色特征空间的阈值分割方法及滤波前后结果进行对比,具体结果表 2.9 所示。

表 2.9 机器学习法分割结果对比（%）

指标	处理	阴天				晴天			
		a 通道	S 通道	ExG	本研究方法	a 通道	S 通道	ExG	本研究方法
$Qseg$	滤波前	77.34	75.44	75.42	80.80	73.29	71.76	77.11	80.31
	滤波后	79.01	77.11	77.28	81.09	73.37	72.16	77.43	82.31
Sr	滤波前	77.72	75.77	75.83	81.57	77.06	75.12	83.32	91.35
	滤波后	79.69	77.67	77.95	82.80	77.91	76.44	84.09	91.74

利用机器学习法对 3 个视角下的图像进行分割后的效果如图 2.5 所示,该方法能够较好地分割出近景的植被(如视角 2 和视角 3),但对离镜头较远的植被(如视角 1 中远处的石山)的自动识别的准确度仍有待提升,这主要是天气条件不佳导致能见度下降所致。为了降低太阳辐射的日变化对图像质量造成的影响,选取每天亮度最大的图像代表当日所获图像指数数据,其中可见光图像亮度值用 R、G、B 颜色通道值之和来表示。

分割前　　　　　　　　　　　　　分割后

图 2.5 马山站 3 个视角(上:视角 1;中:视角 2;下:视角 3)下的图像分割效果

○ 2.5.3 图像指数算法

基于可见光图像中绿色植被部分的图像分割,提取绿色植被区域每个像素的 R、G、B 颜色通道值,统计区域内的所有像素平均值,计算可见光图像指数,公式如表 2.10 所示。

表 2.10 数码图像指数

图像指数	计算公式	指数名称及文献来源
R	$R=R$	红光波段
G	$G=G$	绿光波段
B	$B=B$	蓝光波段
r	$r=R/(R+G+B)$	归一化后的红光波段
g	$g=G/(R+G+B)$	归一化后的绿光波段
b	$b=B/(R+G+B)$	归一化后的蓝光波段
$NDYI$	$NDYI=(G-B)/(G+B)$	Normalized Difference Yellow Index 归一化差值黄色指数(Sulik et al,2016)
GLA	$GLA=(2G-R-B)/(2G+R+B)$	Green Leaf Algorithm 绿叶算法指数(Guijarro at al,2011)
$VARI$	$VARI=(G-R)/(G+R-B)$	VegetationAtmospherically Resistant Index 植被大气阻抗指数(Gitelson et al,2002)
ExG	$ExG=2g-r-b$	Excess Green Index 超绿指数(Woebbecke et al,1995)
ExR	$ExR=1.4r-g$	Excess Red Index 超红指数(Meyer et al,1999)
$ExGR$	$ExGR=3g-2.4r-b$	Excess Green Index Minus Excess Red Index 超绿指数与超红指数之差(Meyer et al,2008)
$MGRVI$	$MGRVI=(g^2-r^2)/(g^2+r^2)$	Modified green red vegetation index 修正红绿植被指数(Bendig et al,2015)
$RGBVI$	$RGBVI=(g^2-br)/(g^2+br)$	Red green blue vegetation index 红绿蓝植被指数(Bendig et al,2015)
$NGRDI$	$NGRDI=(G-R)/(G+R)$	Normalized green red vegetation index 归一化绿红植被指数(Pérez et al,2000)
$CIVE$	$CIVE=0.441r-0.811g+0.385b+18.78745$	Color Index of Vegetation Extraction 植被提取颜色指数(Kataoka et al,2003)
VEG	$VEG=g/(r^{0.667}b^{0.333})$	Vegetative Index 植被指数(Hague et al,2006)
$DGCI$	$DGCI=(H+S+I)/3$	Dark Green Color Index 深绿颜色指数(Karcher et al,2003)

2.6 基础地理信息与地理环境数据

○ 2.6.1 基础地理信息数据

基础地理信息数据主要包括 1∶250000 广西行政边界、行政区点、水系等,来源广西壮族自治区气象信息中心。基于前期研究成果,提取广西喀斯特地区矢量边界数据。

○ 2.6.2 地理环境数据

1. 地形数据

地形数据为分辨率 30 m 的广西数字高程模型(DEM)数据,来源于地理空间数据云,经几何校正、拼接、镶嵌、裁剪和投影变换处理获得广西喀斯特地区海拔高度、坡度、坡向等地形数据。

2. 土壤数据

土壤数据主要包括土壤类型数据和土壤质地数据,来源于世界土壤数据库(Harmonized

World Soil Database，HWSD），经裁剪和投影变换处理获得广西喀斯特地区土壤类型、土壤质地数据。

2.7　本章小结

　　本章主要介绍开展广西喀斯特地区植被生态质量监测评估技术研究与应用的卫星遥感、无人机、生态观测站、气象观测站等数据源及其处理方法。为采用卫星遥感、无人机、生态站观测、气象站观测为手段的天—空—地一体化生态质量监测技术，揭示植被生态时空演变特征，分析植被生态时空演变驱动力影响因素，研发植被生态质量监测评估系统奠定基础。

参考文献

全国地理信息标准化技术委员会，2009. 数字航空摄影测量　空中三角测量规范：GB/T 23236—2009［S］. 北京：中国标准出版社.

Bendig J，Yu K，Aasen H，et al，2015. Combining UAV－based plant height from crop surface models，visible，and near infrared vegetation indices for biomass monitoring in barley［J］. International Journal of Applied Earth Observation Geoinformation，（39）：79-87.

Gitelson A A，Kaufman Y J，Stark R，et al，2002. Novel algorithms for remote estimation of vegetation fraction［J］. Remote Sensing of Environment，80(1)：76-87.

Guijarro M，Pajares G，Riomoros I，et al，2011. Automatic segmentation of relevant textures in agricultural images［J］. Computers Electronics in Agriculture，75(1)：75-83.

Hague T，Tillett N D，Wheeler H，2006. Automated crop and weed monitoring in widely spaced cereals［J］. Precision Agriculture，7(1)：21-32.

Karcher D E，Richardson M D，2003. Quantifying turfgrass color using digital image analysis[J]. Crop Science，43：943-951.

Kataoka T，Kaneko T，Okamoto H，et al，2003. Crop growth estimation system using machine vision［C］// IEEE/ASME International Conference on Advanced Intelligent Mechatronics，（2）：b1079-b83.

Meyer G E，Hindman T W，Laksmi K，1999. Machine vision detection parameters for plant species identification［J］. Precision Agriculture & Biological Quality：327-335.

Meyer G E，Neto J C，2008. Verification of color vegetation indices for automated crop imaging applications［J］. Computers & Electronics in Agriculture，63(2)：282-293.

Pérez A J，López F，Benlloch J V，et al，2000. Colour and shape analysis techniques for weed detection in cereal fields［J］. Computers Electronics in Agriculture，25(3)：197-212.

Sulik J J and Long D S，2016. Spectral considerations for modeling yield of canola［J］. Remote Sensing of Environment，（184）：161-174.

Woebbecke D M，Meyer G E，Bargen K V，et al，1995. Color indices for weed identification under various soil，residue，and lighting conditions［J］. Transactions of the Asae，38(1)：259-269.

第3章 植被生态质量监测评估技术

利用卫星遥感数据、气象观测数据、基础地理信息数据,反演广西喀斯特地区植被生态参数,基于植被生态学与植被生态保护红线原理,构建广西喀斯特地区植被生态质量监测评估指标体系及评估模型,对 2000—2019 年广西喀斯特地区植被生态质量进行监测评估,并利用生态观测站数据对广西喀斯特地区植被生态质量进行遥感检验。

3.1 植被生态质量监测评估指标体系

○ 3.1.1 构建原理

1. 植被生态学

生态学是研究决定生物分布及其量度的各种因素之间相互关系的科学,主要包括:生物的分布格局与规律,评估生态系统分布类型;生物的时空量度(生物量、生产力等),评估生态系统生产功能;决定生物分布与量度的内在与外在原因,评估生态系统演变的驱动因素;增加生物生产力、保持生物生产力的稳定性与改善环境的原则与途径,评估生态系统的生态功能。植被生态学是研究植被的组成结构、功能适应、动态发展、分类分布以及管理与应用的一门学科,是生态学研究的核心。

2. 生态保护红线

生态保护红线是指国家依法在重点生态功能区、生态环境敏感区和脆弱区、禁止开发区等区域划定的严格管控边界,是一条空间界线,并且具有严格的分类管控要求。生态保护红线对维护生态安全格局,改善自然生态系统功能,优化生态安全格局,保障国家和区域生态安全及经济社会可持续发展等方面有重要作用。生态保护红线的内涵包括三个方面:一是生态服务保障线,即提供生态调节与文化服务,支撑经济社会发展的必需生态区域;二是人居环境安全屏障线,即保护生态环境敏感区、脆弱区,维护人居环境安全的基本生态屏障;三是生物多样性维持线,即保护生物多样性,维持关键物种、生态系统与种质资源生存的最小面积。

○ 3.1.2 构建原则

基于植被生态系统的复杂性、脆弱性、多样性,构建一个科学、全面、合理、实用的植被生态质量监测评估指标体系,应遵循以下原则。

1. 科学与可靠性原则

科学性是评估指标体系构建的基本要求,评价指标应该与实际情况相符,具可信度和准确度,从而使评估结果具有科学意义。

2. 全面与代表性原则

评价指标体系涉及自然、经济、社会等诸多领域,应该全面考虑各个可能影响植被生态变化因素,系统构建评估指标体系。在此基础上,根据研究区特点,提炼具有代表性评价指标,有针对性地构建评价指标体系。

3. 可操作性与简明性原则

可操作性要求每项评价指标都易于获取、便于量化分析,且尽可能简单、明了,有利于提高植被生态评价管理效率。

4. 定性与定量相结合原则

针对研究区植被生态环境问题,要全面客观地反映现实,获得高精度数据,需采用定性与定量相结合的方式评价,有利于植被生态质量等级划分与评估。

◯ 3.1.3 指标体系建立

根据植被生态学和生态保护红线原理,结合指标构建原则,从植被生态系统生物多样性功能、植被生产功能、植被生态功能三方面构建广西喀斯特地区植被生态质量监测评估指标体系(图 3.1)。

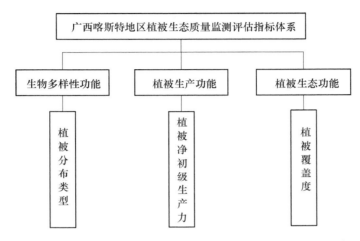

图 3.1 广西喀斯特地区植被生态质量监测评估指标体系

1. 植被生物多样性因子

生物多样性主要是指生态系统组成、功能的多样性以及各种生态过程的多样性,包括生态环境的多样性、生物群落和生态过程的多样性等多个方面。广西喀斯特地区植被生态系统主要包括森林、灌丛、灌草、草地、农田等多种类型植被,因此,研究主要基于卫星遥感反演的植被生态系统分布类型表征植被生物多样性指标。

2. 植被生产功能因子

植被生产力既是衡量陆地生态系统功能和服务价值的关键变量,也是衡量陆地固碳能力的关键变量。植被生产力包括总生产力(GPP)、净初级生产力(NPP)、净生态系统生产力(NEP)、净生态群落生产力(NBP),反映了陆地生态系统在不同层次上的生态功能和固碳能力大小。研究采用植被净初级生产力作为表征植被生产功能的指标,它不仅是判定生态系统碳源/汇和调节生态过程的主要因子,也是反映植被在天气气候、土壤等环境影响下的生产能力。

3. 植被生态功能因子

植被生态功能指植被生态环境起稳定调节作用的功能。植被覆盖度是反映陆地生态系统健康程度的另一个重要特征量,是增加植被生产力、保持植被生产力的稳定性与改善植被生态环境的途径。本章采用植被覆盖度作为表征植被生态功能的指标。

3.2 植被生态系统信息提取及时空演变分析

利用 2000 年、2005 年、2010 年、2015 年和 2019 年 5 个时相的 Landsat(30 m 分辨率)和 2016 年 GF-1(2 m 分辨率)卫星遥感数据,分别获得 30 m 和 2 m 分辨率的广西喀斯特地区植被生态类型信息。采用 GF-1 分类结果和无人机航拍对 Landsat 植被类型信息遥感解译结果进行对比验证。利用 GIS 技术,统计 2000—2019 年 5 个时相广西喀斯特地区植被生态系统分布面积,分析植被生态系统时空演变特征。

○ 3.2.1 基于 Landsat 卫星数据的植被类型信息提取

基于 Landsat 影像数据,采用假彩色合成法对原始影像数据进行波段重组,突出绿色植被的光谱特征;同时引入地形因子,参照不同植被的光谱特征,确定不同植被的遥感分类特征参数,采用最大似然法、决策树分层、多时相的迭代分析提取方法,获取 2000 年、2005 年、2010 年、2015 年和 2019 年 5 个时相 30 m 分辨率的广西喀斯特地区植被类型信息数据。

1. 典型地物光谱值

以 2019 年时相为例,分析典型地物光谱特征,研究基于 Landsat 卫星遥感数据的植被类型信息提取方法。Landsat8 计划将为资源、水、森林、环境和城市规划提供可靠数据,其各波段的名称与用途见表 3.1。

表 3.1　Landsat8 各波段的名称与用途

波段序号	波段名称	波长范围/μm	数据用途	空间分辨率/(m/px)
B1	New Deep Blue	0.433～0.453	海岸区气溶胶	30
B2	Blue	0.450～0.515	基色/散射/海岸	30
B3	Green	0.525～0.600	基色/海岸	30
B4	Red	0.630～0.680	基色/海岸	30
B5	NIR	0.845～0.885	植物/海岸	30
B6	SWIR2	1.560～1.660	植物	30
B7	SWIR3	2.100～2.300	矿物/干草/无散射	30
B8	PAN	0.500～0.680	图像锐化	15
B9	SWIR	1.360～1.390	卷云测定	30
B10	TIR	10.300～11.300	地表温度	100
B11	TIR	11.500～12.500	地表温度	100

结合野外调查资料及遥感影像,分别对林地、灌草(灌丛、草地)、农田、城镇及水体 5 种典型地类在不同位置采集样本点,样本点的采集按照具有典型代表性、分布均匀的原则进行,记录每个样本点在 1～7 波段上的光谱值,取均值后绘制典型地物光谱特征曲线(图 3.2)。

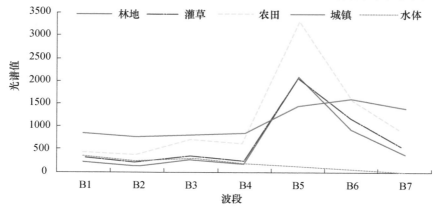

图 3.2　研究区典型地物光谱特征曲线

从图 3.2 可以看出,植被在 $0.630\sim0.680\ \mu m$ 可见光红光波段 4 反射区内有 1 个吸收谷,在 $0.845\sim0.885\ \mu m$ 近红外波段 5 反射区有强烈反射。典型地物森林、灌草和农田植被在波段 5、波段 4、波段 3 波段上光谱值差异较大,即在这 3 个波段集中了主要波谱信息。不论是植被与其他地类之间还是不同植被类型之间,均呈现较大差异与可分性,因此,可以利用 Landsat8 OLI 波段 5、波段 4、波段 3 对森林、灌草、农田植被光谱差异特点识别和解译植被信息。

2. 典型地物植被指数

在遥感应用领域,植被指数已广泛用来定性和定量评价植被覆盖及生长活力;在植被指数中,归一化植被指数($NDVI$)对植被监测灵敏度较高,在一定程度上能消除地形和群落结构的阴影、辐射干扰及太阳高度角和大气所带来的噪声。利用已经选好的五类地物的采样点,获取 5 类地物的归一化植被指数值,制作不同地物的归一化植被指数散点分布图(图 3.3),分析绿色植被与非植被地类的分布特征。

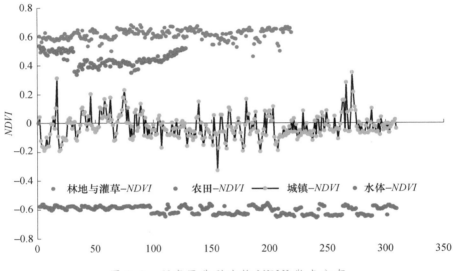

图 3.3　研究区典型地物 NDVI 散点分布

从图 3.3 可以看出,植被类与非植被类地物的 $NDVI$ 值差异明显,其中,水体的 $NDVI$ 为负值,且数值稳定在 -0.6 左右,与其他地物差异较大;城镇的 $NDVI$ 分布在 $-0.2\sim0.2$;植被类地物(林地、灌草和农田)$NDVI$ 值均大于 0.3,分布在 $0.3\sim0.7$,林地与灌草的 $NDVI$ 值区分较小,但与农田相比,稳定在一个高值。因此,$NDVI$ 是绿色植被与非植被地类的一个显著判别参数。

3. 植被遥感识别标志

根据 Landsat8 OLI 遥感影像的光谱特征分析,选择遥感数据的波段 7、波段 5、波段 3 波段进行假彩合成,根据野外调查的先验知识,在多光谱遥感影像上采集特征明显、具有广泛代表性的样本区,建立森林、灌草、农田植被等遥感影像判识标志(表 3.2)。

表 3.2　广西喀斯特地区 Landsat8 遥感影像不同地物类型解译标志

序号	地物类型	解译特征(RGB:753)	影像示例
1	森林	受地形控制,呈面状或带状,纹理粗糙,深绿色	

序号	地物类型	解译特征(RGB:753)	影像示例
2	灌草	草地主要为岩溶石漠化区灌丛,颜色墨绿色,呈丘陵状分布	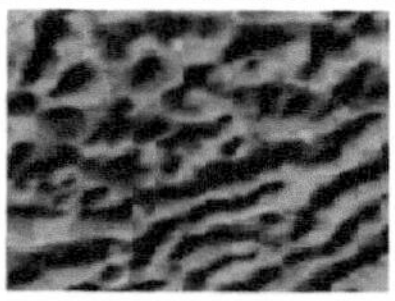
3	农田	纹理均一、光滑,大面积连续分布,浅绿色	
4	水体	几何特征明显,影像结构均一,深红色调	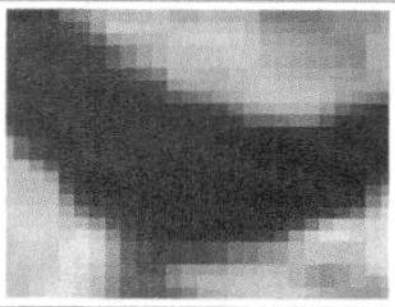
5	城镇	几何特征明显,粉红色,影像结构粗糙	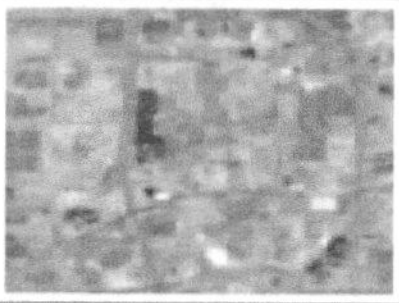

（1）森林

广西喀斯特地区的森林植被种类繁多,主要有针叶林、阔叶林、针阔叶混交林、灌木林、竹林、红树林、苗圃以及人工种植的速生桉树林等,其分布复杂,交叉混杂分布非常普遍。森林植被多分布于山区、丘陵地区,相对连片分布,遥感影像特征明显;人工桉树林分布分散,相对连片,但面积较小,多分布于丘陵地带。在 Landsat8 OLI 753 假彩色合成遥感影像上,森林植被受地形控制,呈面状或带状,纹理粗糙,多呈深绿色、浅绿色、暗绿色、黄绿色等。

（2）灌草

广西喀斯特地区的灌草以丘陵地区和碳酸盐岩地区的灌草为主,呈点状和片状分布,所占比例较大。在 Landsat8 OLI 753 假彩色合成遥感影像上,灌草植被多呈墨绿色、黄绿色、灰绿色等。

（3）农田

农田植被的光谱特征信息与作物种类和作物的不同生长季节有着密切的关系。根据遥感数据成像时间,结合野外实地调查以及地形地貌特征,建立农田植被的遥感分类解译标志。广西喀斯特地区种植作物多分布于平原、盆地、河谷平地、岩溶洼地、丘陵坡地、山谷平地等地区,作物多样,间种、复种复杂,连片规模种植较少。在 Landsat8 OLI 753 假彩色合成遥感影像上,耕种作物随着不同的生长期,呈现出来的色斑复杂多样。大体上水稻种植区多呈绿色、鲜绿色;甘蔗种植区深绿色、暗绿色;玉米种植区呈浅绿色、鲜绿色;木薯种植区呈绿色、黄绿色;油菜种植区呈浅黄绿色。

4. 植被遥感解译方法

原始影像具有多种不同光谱特征的地类:包括林地、灌草、农田、城镇、裸地及水体,其中植被类(森林、灌草和农田)与非植被类(城镇、裸地及水体)光谱特征差异较大。因此可以采用分层分类的方法,将原始影像地类划分为植被类与非植被类两个大类,首先将绿色植被类信息从原始影像中分离,然后以绿色植被的分类结果对原始影像掩模,采用监督分类的方法,在绿色植被范围内,进一步分离森林、灌草和农田植被。

(1)绿色植被类信息提取

$NDVI$ 计算:$NDVI$ 对植被监测灵敏度较高,在一定程度上能消除地形和群落结构的阴影、辐射干扰及太阳高度角和大气所带来的噪声。

PCA(主成分分析)变换:图像各波段之间通常是相关的,通过主成分分析可以去除波段间的多余信息。通过统计分析,Landsat 8 第一主成分量 PC_1 占到 70.77%。

波段组合:从视觉效果,将 PCA 得到第一分量 PC_1 作为红波段,$NDVI$ 作为绿波段,$Band_1$ 作为蓝波段进行假彩色合成。植被区域在假彩色合成后颜色均匀一致,有利于样本选择,植被与水体、道路、裸地、建筑等用地更加明显,主要是由于 $NDVI$ 在进行计算时,利用了近红外波段,而 Landsat8 OLI 的近红外波段 $Band_5$ 范围调整为 $0.845 \sim 0.885\ \mu m$,排除了 $0.825\ \mu m$ 处水汽的影响,植被信息提取更加容易。

最大似然分类法:在假彩色合成的图上,以多光谱图像为参考底图,进行监督分类,提取植被和非植被信息。非植被类主要包括城镇、裸地和工矿用地、水体,其中城镇呈现颜色为紫色;裸地和工矿用地为粉色;水体呈现为蓝色。植被类包括森林、灌草和农田,在波段重组影像上均呈现为绿色,与非植被类区分明显,按照植被、城镇及工矿用地、水体三类选择具有典型代表性的样本区,采用最大似然监督分类的方法,提取出绿色植被信息。最大似然法监督分类模型(孙家柄,2003)如下:

$$g_i(\boldsymbol{x}) = p(w_i \mid \boldsymbol{x}) = p(\boldsymbol{x} \mid w_i) p(w_i) / p(\boldsymbol{x}) \tag{3.1}$$

式中:$p(\boldsymbol{x} \mid w_i)$ 为 w_i 观测到 $\boldsymbol{x}$ 的条件概率;$p(w_i)$ 是类别 w_i 的先验概率;$p(\boldsymbol{x})$ 是 $\boldsymbol{x}$ 与类别无关情况下的出现概率。通过假定地物光谱特征服从正态分布,上式贝叶斯判别准则可表示为:

$$g_i(\boldsymbol{x}) = p(\boldsymbol{x} \mid w_i) p(w_i) = \frac{p(w_i)}{(2\pi)^{k/2} |\boldsymbol{A}_i|^{1/2}} \exp\left[1 - \frac{1}{2} (\boldsymbol{x} - u_i)^T \boldsymbol{A}_i^{-1} (\boldsymbol{x} - u_i)\right] \tag{3.2}$$

通过取对数的形式,并去掉多余项,最终的判别函数为:

$$g_i(\boldsymbol{x}) = \ln[p(w_i)] - \frac{1}{2} \ln |\boldsymbol{A}_i| - \frac{1}{2} (\boldsymbol{x} - u_i)^T \boldsymbol{A}_i^{-1} (\boldsymbol{x} - u_i) \tag{3.3}$$

式中的 $\boldsymbol{x}$ 为光谱特征向量,其中 $\boldsymbol{A}$ 为协方差矩阵,即:

$$\boldsymbol{A} = \begin{bmatrix} \delta_{11} & \delta_{12} & \cdots & \delta_{1n} \\ \delta_{21} & \delta_{22} & \cdots & \delta_{2n} \\ \vdots & \vdots & \cdots & \vdots \\ \delta_{n1} & \delta_{n2} & \cdots & \delta_{m} \end{bmatrix} \tag{3.4}$$

$$\delta_{ij} = \frac{1}{N} \sum_k (x_{ik} - u_i)(x_{jk} - u_j) \tag{3.5}$$

式中:x_{ik} 表示第 i 特征第 k 个特征值;N 为第 i 特征的特征值总个数。$\boldsymbol{A}_i$ 为第 i 类的协方差矩阵,u_i 为第 i 类的均值向量,由样本光谱特征的协方差和均值获得。

(2)森林、灌草和农田植被信息提取

采用监督分类、目视解译和决策树判别法相结合的综合判别方法提取森林、灌草和农田植被信息。

分类影像预处理:利用上文提取出的绿色植被信息,转化为矢量,然后对原始影像进行掩模处理,获得仅含有绿色植被信息的遥感影像,剔除分类过程中非植被类信息参与分类而造成的干扰。

植被信息粗分类:根据植被的光谱特征变化曲线图分析,森林与灌草的光谱变化趋势相近,在第5波段,两者有一定的区别,但差异变化较小;森林与农田在第5波段的差异显著大于森林与灌草的差异,因此,首先采用监督分类的方法,选取一定数量的森林、灌草和农田样本数,采用最大似然法对影像进行粗分类。

目视解译修订:针对监督分类结果,根据野外调查结果和解译人员的先验知识,对粗分类结果进行人工目视解译修订,针对错分和漏分的图版进行手工修改。

决策树分类:由于森林和灌草的光谱差异小,仅仅基于光谱特征采用监督分类的方法,无法精确地将森林与灌草进行分离,需要引入其他因子进行辅助判别。通过对原始遥感影像进行分析,森林的主要分布区域多为高山区域,海拔较高;农田主要集中在洼地区域,地势较低;而灌草分布区域多为石漠化较为严重的区域,地形多为峰丛地貌,纹理特征较为明显,海拔明显高于农田,却远低于森林。因此,引入数字高程模型(digital elevation model,DEM)数据,空间分辨率为30 m,与Landsat 8 OLI数据一致,分析森林、灌草以及农田的DEM高程分布特征。森林的高程分布区间为300~1200 m,灌草的高程分布区间为200~550 m,灌草与森林的高程分布差异明显,通过决策树判别法对已分类的结果进一步归类,最终得到森林、灌草和农田的最终分类结果。

○ 3.2.2 基于GF-1卫星数据的植被类型信息提取

利用2 m分辨率GF-1卫星遥感数据,采用监督分类与人工交互方式,提取植被类型信息。

1. 地类遥感影像特征

基于森林、灌草、农田等地物的GF-1遥感影像纹理特征,建立森林、灌丛、草地、水体等地物解译标志。

(1)森林

广西喀斯特地区GF-1遥感影像特征明显,人工桉树林分布分散,相对连片,但面积较小,人工林形状规整并且修建有机耕路;自然林多分布于山地丘陵地带,纹理粗糙、形状不规整并有明显阴影,植被呈深绿色、浅绿色、暗绿色、黄绿色、黑色等(表3.3)。

表3.3 广西喀斯特地区GF-1森林遥感影像解译标志

地物名称	细分地类	空间分布	影像特征	影像示例
林地	自然林	位于高山海拔较高地区或低矮山丘	纹理粗糙、形状不规整并有明显阴影	
林地	自然林	位于低矮山地或较高山区	纹理粗糙、呈黑色颗粒状	
林地	桉树	位于丘陵平原及低矮山地	纹理粗糙、地块规整成片	
林地	人工林	位于低矮山地或较高山区	形状规整并且修建有机耕路	

（2）灌草

广西喀斯特地区的灌草，主要位于低矮丘陵，在遥感影像数据中，呈点状和片状分布，多呈暗黄色、黄绿色、灰绿色等（表 3.4）。

表 3.4　广西喀斯特地区 GF-1 灌草遥感影像解译标志

地类名称	细分地类	空间分布	影像特征	图片
灌草	灌丛、草丛	位于低矮丘陵地区	呈条状或者孤峰，且数量众多，呈带状或片状分布	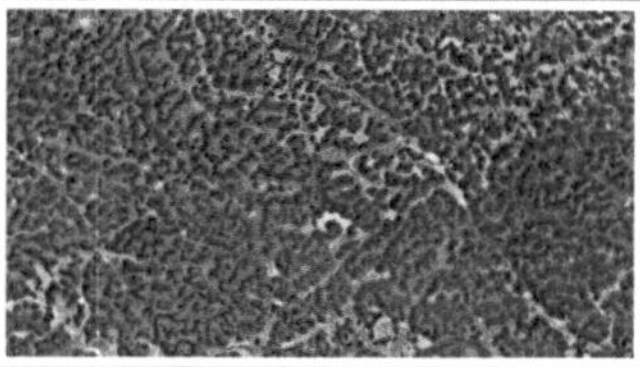
草地	人工草地	位于市区周边	纹理平滑细腻、呈条状或块状	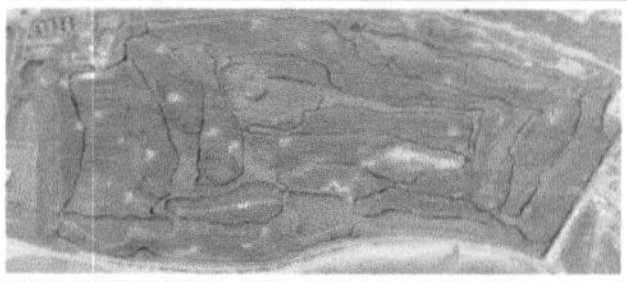
草地	人工草地	位于市区或周边	纹理平滑细腻、呈条状或块状	

（3）农田植被

广西喀斯特地区农田植被主要多分布于平原、盆地、河谷平地、岩溶洼地、丘陵坡地、山谷平地等地区。在 GF-1 遥感影像上，纹理平滑，水稻种植区大体上多呈绿色、鲜绿色；甘蔗种植区深绿色、暗绿色；玉米种植区呈浅绿色、鲜绿色；木薯种植区呈绿色或黄绿色；油菜种植区呈浅黄绿色，作物成熟收割后基本呈现粉红色裸地状况（表 3.5）。

表 3.5　广西喀斯特地区 GF-1 农田遥感影像解译标志

地类名称	细分地类	空间分布	影像特征	照片
耕地	甘蔗	位于盆地、低矮丘陵平原	纹理平滑细腻、形状地块方正规整	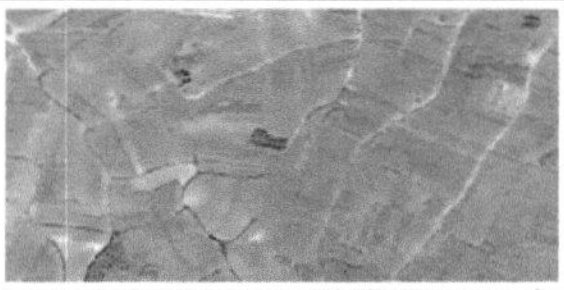
耕地	旱地作物	位于丘陵平原及低矮山地	光秃平滑、地块平整，成片分布	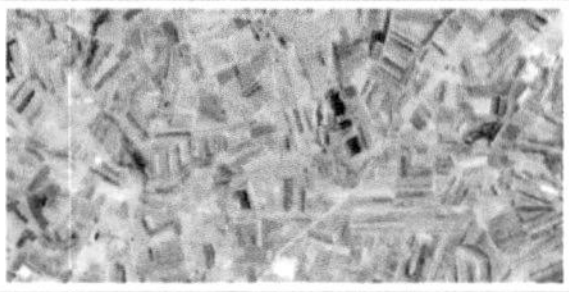
耕地	旱地作物	位于丘陵平原及低矮山地	呈泛白色、连片或零星块状分布	
耕地	经济作物	位于盆地、低矮丘陵平原	表现为绿色、块状分布	

地类名称	细分地类	空间分布	影像特征	照片
耕地	水稻田	位于平原、低矮山谷地带	纹理平滑、呈连片状或单独方块条带状	
耕地	水稻田	位于平原、低矮山谷地带	纹理平滑细腻、地块平整	
耕地	水稻田	位于平原、低矮山谷地带	呈浅绿色,纹理平滑细腻、地块平整	

2. 植被遥感解译方法

采用基于"人机交互半自动解译"的方式进行植被类型提取,其中机器自动解译采用面向对象的监督分类法。

目前基于高分辨率影像的信息提取主要有两种方式:一是采用人工目视解译的方式,该方法的提取精度最高,但需要大量的人工作业,效率低下,且不同解译者对影像中地物的认知程度直接会影响到最终地物信息提取的精度;二是采用面向对象的分类方法,面向对象分类方法是相对于传统的基于像素分类方法而言,同时也是在像元的基础上分割成一个个的对象,其在考虑光谱特征的同时也结合了地物的纹理特征和结构特征的分类方法。相比于基于像素的分类方法能够有效消除传统分类方法出现的"椒盐"噪声(脉冲噪声),使分类结果具有良好的整体性,同时能有效减少同物异谱和同谱异物现象,有效提高地类提取精度。因此,研究采用面向对象的方法,自动识别出大部分的地物信息,然后通过人工目视解译的方法对错分类别进行修正,兼顾了面向对象的高效率和人工目视解译的高精度。基于面向对象的影像分类主要采用"简译"分类软件,其提供的"人机交互半自动编辑"功能,能够对面向对象自动化分类得到的结果进行高效、快速地人机交互修改,相比于传统的 ENVI 软件,能够对错分地物的属性进行批量化的一键化修改,极大提高了后期修正的效率。

(1)面向对象的多尺度分割

多尺度分割算法是自下而上将相邻像元逐步合并,将整幅影像分割为大小、形状不同的对象,直到对象内部的异质性大于给定的阈值为止,这个阈值就是分割的尺度参数(表 3.6)。由于亮度值、颜色以及纹理差异明显,影像中不同类型图斑被较好地分割开,尺度分割效果较好(图 3.4~图 3.6)。

表 3.6 多尺度分割参数

最大尺度	颜色	平滑度	分割方式	分割斑块数
224	0.7	0.5	精细模式分割	706

(2)影像类别管理

多尺度分割结束后,进入地物类别管理,根据影像中地物的种类分别设置相应的编码及颜色。试验样区影像中主要类型有森林、灌草、农田、城镇及道路、水体以及裸地共 7 类,设置类别管理及其对应的属性编码(表 3.7)。

图 3.4 森林的分割效果

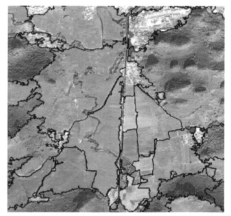

图 3.5 耕地和村镇的分割效果

图 3.6 灌草的分割效果

表 3.7 影像类别管理

类型	编码	颜色
无定义	0	黑色
森林	1	绿色
灌草	2	青色
农田	3	黄色
城镇及道路	4	红色
水体	5	蓝色
裸地	6	紫色

（3）训练样本的创建

基于 GF-1 遥感影像纹理特征，创建森林、灌草、农田植被类型训练样本，并赋予相应的属性值。训练样本的质量直接影响到最终分类结果的质量，因此要选足够多的训练样本，且要有代表性，且尽量分布均匀。

（4）面向对象的监督分类

基于植被类型训练样本，采用面向对象的最小距离监督分类的方法进行植被类型信息提取。其原则为通过训练的样本对象来选择对象特征，通过对目标地物进行特征分析，构建一维或多维的特征空间，在定义了分类体系的基础上，以最小距离为测度，在特征空间中查找判别每个对象与其最邻近的样本对象，并执行分类。对象离某个样本类别距离最小，说明此待分类对象与这个类别的隶属度值越高，并将其定义为最近样本对象所在的类别。利用影像对象与样本对象之间的距离来描述隶属度（吴俐民 等，2013），距离计算公式如下：

$$d = \sqrt{\sum_f \left[\frac{v_f^{(s)} - v_f^{(o)}}{\sigma_f} \right]} \tag{3.6}$$

式中：d 为样本对象 s 和影像对象 o 之间的距离；$v_f^{(s)}$ 为样本对象对于特征 f 的特征值；$v_f^{(o)}$ 为影像对象的特征 f 的特征值；σ_f 为特征 f 值的标准差。

（5）人工交互修订

尺度分割能将绝大部分的地类分割出来，但仍存在少量未能分割出的地类，如局部的水体、农田植被等；分类结果中错分较多的地类主要为农田植被和灌草，相互错分的部分较多；有少量农田植被错分到灌草中。根据以上三个方面问题，采用"简译"软件进行针对性交互修改。最终得到满足实际应用效果的分类成果，完成广西喀斯特地区域森林、灌草和农田三种植被类型的遥感解译工作。

○ **3.2.3 基于无人机数据的植被类型信息提取**

目前国内外使用最多且提取植被效果较好的植被指数为 NDVI。该植被指数是利用植被对近红外光强反射及对红光强烈吸收的特点所构造。对于不包含近红外波段的可见光影像，通过综合考虑健康绿色植被的光谱特性及无人机影像典型地物光谱特征值，采用基于可见光三个波段，构造可见光波段差异植被指数（visible-band difference vegetation index，VDVI），计算公式如下：

$$VDVI = \frac{2 \times \rho_{green} - \rho_{red} - \rho_{blue}}{2 \times \rho_{green} + \rho_{red} + \rho_{blue}} \tag{3.7}$$

式中：VDVI 为可见光波段差异植被指数，ρ_{red}、ρ_{green}、ρ_{blue} 分别为红光、绿光、蓝光波段。

选取环江县、平果市为实验区，采用 PIX4D Mapper 对无人机数据进行拼接，获得环江县喀斯特验证区 0.142 km² DSM（平均地面分辨率 6.94 cm）、平果市喀斯特验证区 0.267 km²

DSM(平均地面分辨率2.42 cm),计算环江县、平果市喀斯特实验区VDVI(图3.7、图3.8)。

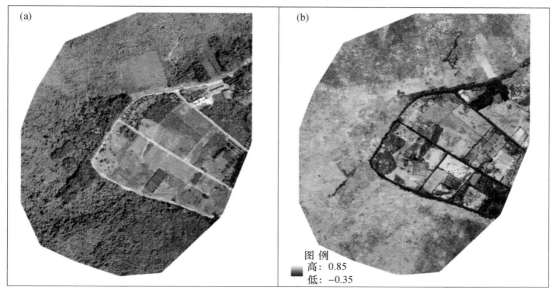

图 3.7 环江喀斯特验证区无人机拼接影像(a)与 VDVI 指数(b)对比

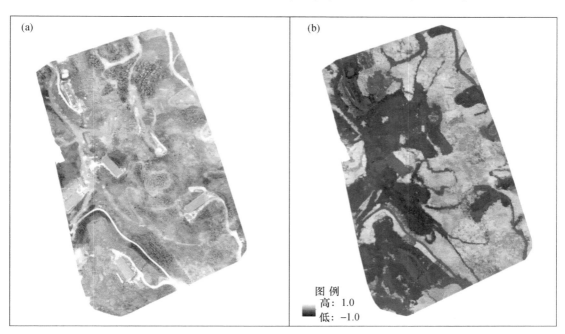

图 3.8 平果市喀斯特验证区无人机拼接影像(a)与 VDVI 指数(b)对比

采用双峰直方图确定影像的植被区分阈值(图3.9),获得每景影像的植被与非植被分布。在植被分布区域的基础上,通过矢量化方法获取各植被类型的区域。

○ 3.2.4 植被类型信息提取精度验证

1. GF-1卫星植被类型分类结果精度评价

参考《第三次全国国土调查实施方案》《第三次全国农业普查农作物面积遥感测量工作方

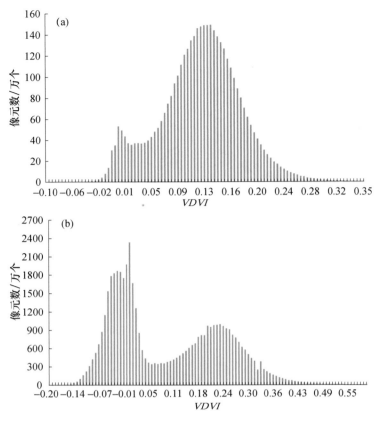

图 3.9　喀斯特验证区 *VDVI* 指数像元统计图（a.环江;b.平果）

案(2018年修订)》等国家方案要求以及相关遥感解译精度评价规范,采用混淆矩阵(zhuang et al,1995)和Kappa系数进行解译精度评估。

(1)选择检验点

每个地类选取25个验证点,总计100个精度验证数据,利用更高分辨率谷歌数据和地面调查人工判断相结合的方式进行类型赋值,生成验证数据。

(2)构建误差矩阵

利用验证数据与遥感解译数据,建立 n 行 n 列的误差矩阵,其中行代表参考点,列代表检验点,对角线部分指某类型与验证类型完全一致的样点个数(表3.8)。

表 3.8　植被类型遥感解译精度验证表

参考数据 分类数据	农田	森林	灌草	其他	总计	生产精度
农田	24	0	0	1	25	96.0%
森林	0	23	2	0	25	92.0%
灌草	1	2	21	1	25	84.0%
其他	2	1	0	22	25	88.0%
总计	27	26	23	24	100	
用户精度	88.9%	88.5%	91.0%	91.7%		90.0%

（3）计算精度

总体分类精度：表示分类结果的总体准确性，其计算公式为：

$$OA = \frac{\sum\limits_{i=1}^{r} x_{ii}}{N} \qquad\qquad (3.8)$$

生产精度：表示实际样本被正确分类的比率，其计算公式为：

$$PA_i = \frac{x_{ii}}{x_{+i}} \qquad\qquad (3.9)$$

用户精度：描述实际样本被正确地分到对应的类别中的比率，其计算公式为：

$$UA_i = \frac{x_{ii}}{x_{i+}} \qquad\qquad (3.10)$$

Kappa 系数：描述整幅影像的分类精度，其系数值为 0～1，其计算公式为：

$$K = \frac{N \cdot \sum\limits_{i=1}^{r} x_{ii} - \sum (x_{i+} \cdot x_{+i})}{N^2 - \sum (x_{i+} \cdot x_{+i})} \qquad\qquad (3.11)$$

式中：K 为 kappa 系数；OA 为总体精度；PA_i 为生产者精度；UA_i 为用户精度；x_{ii} 是对角线上 i 行 i 列（即某类别的正确分类数目）的值；x_{+i} 和 x_{i+} 分别为第 i 行的和与第 i 列的和；r 为混淆矩阵的行或列；N 代表总检验点的个数。

（4）精度结果评价

基于 GF-1 卫星遥感数据的广西喀斯特地区植被信息解译总体分类精度为 90.0％，其中森林用户精度为 88.5％，生产精度为 92.0％；农田植被的用户精度为 88.9％；生产精度为 96.0％；灌草地的用户精度为 91.0％，生产精度为 84.0％；Kappa 系数为 0.87，分类效果较为理想。

2. Landsat 卫星植被类型遥感解译信息精度验证

采用高分辨率的 GF-1 卫星遥感数据、无人机航摄影像数据，对 Landsat 卫星遥感解译成果进行精度验证。

（1）验证方法

利用 2016 年 2 m 高分辨率 GF-1 的植被类型遥感解译结果与 2015 年 30 m 分辨率的 Landsat 8 OLI 遥感解译成果进行叠加分析；利用 2020 年无人机实验区航摄解译结果与 2019 年 Landsat 8 OLI 遥感解译成果进行叠加分析，对 Landsat 卫星遥感解译的精度进行评价，方法如下：

$$\delta = \frac{S_d \bigcap S_g}{S_d} \times 100\% \qquad\qquad (3.12)$$

式中：δ 为评价精度，S_d 为较低分辨率遥感解译空间信息，S_g 为较高分辨率遥感解译空间信息。

（2）GF-1 验证结果

以 2016 年 GF-1 植被遥感解译结果为基准，与 2015 时相 Landsat 8 植被遥感解译结果进行叠加分析。分析结果显示，2015 时相 Landsat 8 OLI 植被类型遥感解译总体精度达到 92.0％，其中森林解译正确的区域面积为 9822.53 km²，解译的相对精度为 88.0％，灌草解译正确的区域面积为 28690.86 km²，解译的相对精度为 99.0％，农田植被解译正确的区域面积为 15885.95 km²，解译的相对精度为 90.0％，分类效果良好（图 3.10）。

（3）无人机验证结果

以 2020 年环江县喀斯特验证区无人机植被遥感解译结果为基准，与 2019 时相 Landsat 8 植被遥感解译结果进行叠加分析。分析结果显示（图 3.11）：环江县喀斯特验证区无人机监测植被

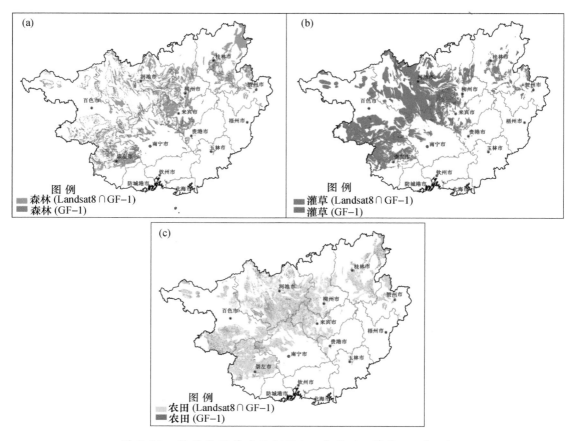

图 3.10 植被类型精度验证图(a. 森林;b. 灌草;c. 农田)

面积为 0.1957 km²,卫星遥感监测植被面积为 0.1962 km²,两者相交面积为 0.1686 km²,因此,基于卫星遥感的植被解译整体精度为 85.93%,其中,森林的解译精度为 88.18%,灌草的解译精度为 86.13%,农田植被的解译精度为 80.81%。基于卫星遥感整体植被解译精度较高,但各植被类型分类中存在一定程度误分类,尤其是农田植被解译精度相对偏低,主要原因在于灌草与农田植被相似度较高,存在误分。

以 2020 年平果市验证区无人机植被遥感解译结果为基准,与 2019 时相 Landsat 8 植被遥感解译结果进行叠加分析。分析结果显示(图 3.12):平果市验证区无人机监测植被面积为 0.1423 km²,卫星遥感监测植被面积为 0.1508 km²,两者相交的面积为 0.1254 km²,因此,基于卫星遥感的植被解译整体精度为 83.18%,其中,森林的解译精度为 82.45%,灌草的解译精度为 86.65%。卫星遥感整体植被解译精度较高,但存在误分,一方面是由于该区域于 2020 年进行了矿产挖掘,造成 2020 年植被面积有所减少;另一方面是森林与灌草相似度较高,存在误分。

○ 3.2.5 植被生态系统时空分布格局和演变规律

利用 GIS 技术,统计 2000—2019 年 5 个时相广西喀斯特地区植被生态系统分布面积,分析植被类型时空分布格局、时空演变规律。

1. 植被时空分布格局

从面积分布看,广西喀斯特地区植被类型以灌草(灌丛、灌木、草地)分布最广,无论在哪个时期,灌草都占喀斯特地区面积的 40% 以上;其次是农田植被,在 5 个时相内的面积比例在

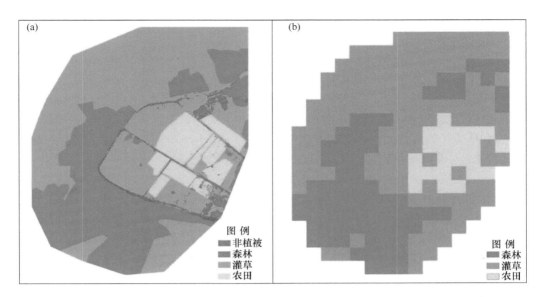

图 3.11　环江县验证区植被类型遥感解译验证(a. 无人机解译结果;b. Landsat 8 解译结果)

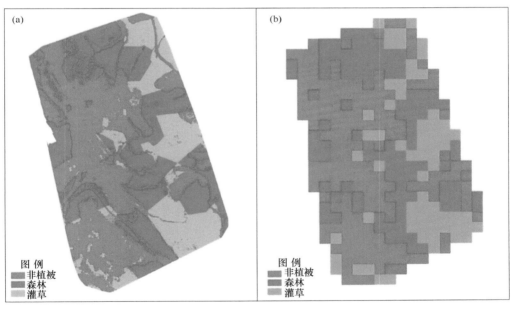

图 3.12　平果市验证区植被类型遥感解译验证(a. 无人机解译结果;b. Landsat 8 解译结果)

35%左右;森林面积最小,面积比例在 13%左右(表 3.9)。

表 3.9　广西喀斯特地区不同植被类型面积统计

植被类型	森林		灌草		农田	
	面积/km²	比例/%	面积/km²	比例/%	面积/km²	比例/%
2000 年	6288.38	8.61	32378.81	44.35	32158.61	44.05
2005 年	9064.60	12.42	32520.09	44.54	29081.15	39.83
2010 年	9813.58	13.44	33040.26	45.26	27640.61	37.86

植被类型	森林		灌草		农田	
	面积/km²	比例/%	面积/km²	比例/%	面积/km²	比例/%
2015 年	11624.56	15.92	34257.78	46.92	24180.20	33.12
2019 年	12416.82	17.01	35947.02	49.24	21582.78	29.56

从变化情况看,广西喀斯特地区各植被类型有增加也有减少。森林、灌草面积呈现增加趋势,其中,森林增加幅度最大,占比从 2000 年的 8.61％增至 2019 年的 17.01％,20 年面积增加了 6128.44 km²;灌草增加幅度次之,占比由 2000 年的 44.35％变为 2019 年的 49.24％,面积增加 3568.21 km²。农田植被面积呈现减少趋势,由 2000 年的 44.05％减至 2019 年的 29.56％,20 年面积减少了 10575.83 km²。

从空间分布上看,森林以片状分布为主,主要分布在河池市的西北部和东北部、来宾市的西北部、桂林市的东北部、崇左市的西部、百色市的西南部;灌草以连片状分布为主,主要分布在河池市中南部、柳州市中部、崇左市北部、百色市北部和南部;农田植被以点状、线性、面状分布为主,点状和线状主要分布在河池市、百色市、来宾市的洼地、谷地地带;面状主要分布在崇左市、柳州市、桂林市、南宁市平原地带(图 3.13)。

2. 植被动态变化程度

采用时空变化模型(毕宝德,2006),计算广西喀斯特地区植被动态变化度,具体公式如下:

$$K = \frac{U_b - U_a}{U_a} \times \frac{1}{T} \times 100\%$$

(3.13)

式中:K 为植被动态变化度,U_a 和 U_b 分别代表研究初期和末期的植被面积,T 为研究时段长。

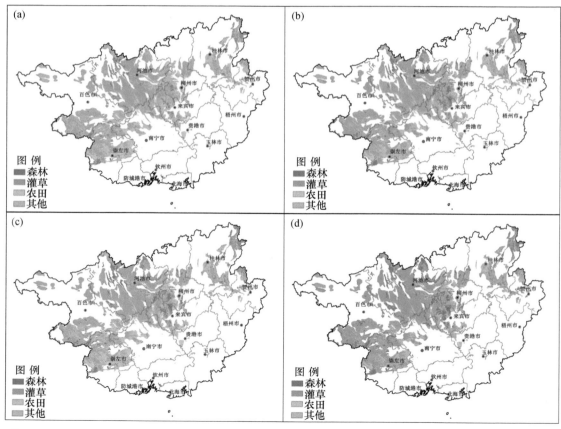

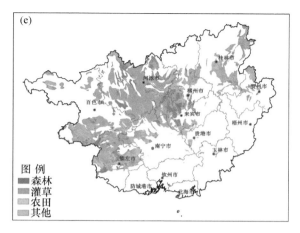

图 3.13　广西喀斯特地区植被空间分布

(a. 2000 年；b. 2005 年；c. 2010 年；d. 2015 年；e. 2019 年)

从植被总体上看，2000—2019 年 5 个时相广西喀斯特地区植被的动态度均小于 0，说明该五时相的植被面积是递减的变化状态，其中 2010 年至 2015 年期间植被面积变化程度最为剧烈，年均减少率为 0.12%，2015 年至 2019 年期间有所恢复，年均减少率为 0.03%，为 5 个时相中最小年均减少率。从植被类型上看，2000—2019 年 5 个时相森林、灌草的动态度均大于 0，其中，森林的动态度最大，5 个时段的年平均增长率为 3.88%，是广西喀斯特地区植被面积演变的主导因子，灌草的动态度次之，5 个时相的年平均增长率为 0.53%，且呈现逐年增长趋势；农田植被的动态度均小于 0，5 个时段的年平均减少率为 1.89%，且在 2010 年以后减少最为剧烈，其中，2010 年至 2015 期间农田植被减少率达 2.50%（表 3.10）。

表 3.10　2000—2019 年广西喀斯特地区植被动态度

植被类型	森林		灌草		农田		植被	
	面积/km²	动态度/%	面积/km²	动态度/%	面积/km²	动态度/%	面积/km²	动态度/%
2000 年	6288.38	—	32378.81	—	32158.61	—	70825.80	—
2005 年	9064.60	8.83	32520.09	0.09	29081.15	−1.91	70674.76	−0.04
2010 年	9813.58	1.65	33040.26	0.32	27640.61	−0.99	70496.42	−0.05
2015 年	11624.56	3.69	34257.78	0.74	24180.20	−2.50	70066.97	−0.12
2019 年	12416.82	1.36	35947.02	0.99	21582.78	−2.15	69948.97	−0.03

3. 植被类型变化情况

利用土地利用转移矩阵（胡宝清 等，2020），分析 2000 年与 2005 年、2005 年与 2010 年、2010 年与 2015 年、2015 年与 2019 年植被类型转移方面和面积大小，公式如下：

$$S_{ij}=\begin{bmatrix} S_{11} & S_{12} & \cdots & S_{1n} \\ S_{21} & S_{22} & \cdots & S_{2n} \\ \vdots & \vdots & \cdots & \vdots \\ S_{n1} & S_{n2} & \cdots & S_{nm} \end{bmatrix} \quad (3.14)$$

式中：S_{ij} 为研究初期 $i(i=1,2,3,\cdots,n)$ 和末期 $j(j=1,2,3,\cdots,n)$ 的植被类型面积；n 为植被类型数目，本研究 $n=3$。

利用 GIS 空间分析方法，对广西喀斯特地区植被类型数据进行处理分析，转移矩阵如表

3.11、表 3.12、表 3.13、表 3.14 所示。

表 3.11　2000 年与 2005 年广西喀斯特地区植被类型转移矩阵（单位：km²）

植被类型		2000 年				
		森林	灌草	农田	非植被类型	合计
2005 年	森林	4305.77	2746.44	1925.58	86.82	9064.61
	灌草	785.63	24613.51	6873.22	247.72	32520.08
	农田	1085.20	4743.18	22415.55	837.22	29081.15
	非植被类型	111.78	275.68	944.26	1010.06	2341.78
	合计	6288.38	32378.81	32158.61	2181.82	73007.62

表 3.12　2005 年与 2010 年广西喀斯特地区植被类型转移矩阵（单位：km²）

植被类型		2005 年				
		森林	灌草	农田	非植被类型	合计
2010 年	森林	7623.13	969.99	1165.99	54.47	9813.58
	灌草	979.57	25939.32	5868.34	253.02	33040.25
	农田	403.39	5381.14	21243.91	612.16	27640.60
	非植被类型	58.51	229.63	802.90	1422.12	2513.16
	合计	9064.60	32520.08	29081.14	2341.77	73007.59

表 3.13　2010 年与 2015 年广西喀斯特地区植被类型转移矩阵（单位：km²）

植被类型		2010 年				
		森林	灌草	农田	非植被类型	合计
2015 年	森林	7283.38	1947.53	2225.74	167.92	11624.57
	灌草	1320.12	26595.91	6098.22	243.52	34257.77
	农田	1061.99	4173.21	18241.10	703.90	24180.20
	非植被类型	147.09	323.61	1075.55	1397.83	2944.08
	合计	9812.58	33040.26	27640.61	2513.17	73006.62

表 3.14　2015 年与 2019 年广西喀斯特地区植被类型转移矩阵（单位：km²）

植被类型		2015 年				
		森林	灌草	农田	非植被类型	合计
2019 年	森林	8051.84	2764.17	1476.63	124.18	12416.82
	灌草	2995.00	26258.75	6183.83	509.45	35947.03
	农田	486.16	4887.05	15310.43	899.14	21582.78
	非植被类型	91.56	347.82	1209.31	1412.31	3061.00
	合计	11624.56	34257.79	24180.20	2945.08	73007.63

（1）森林转移分析

2000—2005 年广西喀斯特地区森林转出面积为 1982.61 km²，转入 4758.84 km²，出入比为 41.66%，净转入面积 2776.23 km²，68.47% 的森林没有变化。转向农田的面积最多，占总转出面积的 54.73%，转向灌草的面积次之，占比 39.63%，转向非植被类型的占总转出面积的 5.64%。新增森林中，绝大部分来源于灌草（57.71%）与农田（40.46%），仅少部分来源于非植被类型。至 2005 年，森林占总面积的 12.42%。

2005—2010 年广西喀斯特地区森林转出面积为 1441.47 km²,转入 2190.45 km²,出入比为 65.81%,净转入面积 748.98 km²,转出面积同比下降 27.29%,转入面积同比下降 53.97%,84.10% 的森林没有变化,森林总面积增速有所放缓。转向灌草、农田的面积最多,分别占总转出面积的 67.96%、27.98%,转向非植被类型占总转出面积的 4.06%。新增森林中,绝大部分来源于农田(53.23%)与灌草(44.28%),仅 2.49% 来源于非植被类型。至 2010 年,森林占总面积的 13.44%。

2010—2015 年广西喀斯特地区森林转出面积为 2529.20 km²,转入 4341.19 km²,出入比为 58.26%,净转入面积 1811.99 km²,74.22% 的森林没有变化。转向灌草、农田的面积最多,分别占总转出面积的 52.19%、41.99%,转向非植被类型的占总转出面积的 5.82%。新增森林中,绝大部分来源于农田(51.27%)与灌草(44.86%),3.87% 来源于非植被类型。至 2015 年,森林占总面积的 15.92%。

2015—2019 年广西喀斯特地区森林转出面积为 3572.72 km²,转入 4364.98 km²,出入比为 81.85%,净转入面积 792.26 km²,69.27% 的森林没有变化。转出森林中,83.83% 的森林转向灌草,13.61% 转向农田,转向非植被类型的占总转出面积的 2.56%。新增森林中,大部分来源于灌草(63.33%)与农田(33.83%),2.84% 来源于非植被类型。至 2019 年,森林占总面积的 17.01%。

(2)灌草转移分析

2000—2005 年广西喀斯特地区灌草转出面积为 7765.30 km²,转入 7906.57 km²,出入比为 98.21%,转入转出基本持平,76.02% 的灌草没有变化。转向农田的面积最多,占总转出面积的 61.08%,转向森林的面积次之,占比 35.37%,转向非植被类型不足总转出面积的 4%。新增灌草中,大部分来源于农田(86.93%)与森林(9.94%),仅少部分来源于非植被类型。至 2005 年,灌草占总面积的 44.54%。

2005—2010 年广西喀斯特地区灌草转出面积为 6580.76 km²,转入 7100.93 km²,出入比为 92.67%,转入转出基本持平,与上一时段接近,79.76% 的灌草没有变化。转向农田的面积最多,占总转出面积的 81.77%,转向森林的面积次之,占比 14.74%,转向非植被类型的占总转出面积的 3.49%。新增灌草中,大部分来源于农田(82.64%)与森林(13.79%),仅少部分来源于非植被类型。至 2010 年,灌草占总面积的 45.26%。

2010—2015 年广西喀斯特地区灌草转出面积为 6444.35 km²,转入 7661.86 km²,出入比为 84.11%,转出略微减少,80.50% 的灌草没有变化。转向农田的面积最多,占总转出面积的 64.76%,转向森林的面积次之,占比 30.22%,转向非植被类型的占总转出面积的 5.02%。新增灌草中,大部分来源于农田(79.59%)与森林(17.23%),仅少部分来源于非植被类型。至 2015 年,灌草占总面积的 46.92%。

2015—2019 年广西喀斯特地区灌草转出面积为 7999.04 km²,转入 9688.28 km²,出入比为 82.56%,76.65% 的灌草没有变化。转向农田的面积最多,占总转出面积的 61.10%,转向森林占 34.56%,非植被类型占 4.34%。新增灌草中,大部分来源于农田(63.83%)和森林(30.91%),仅少部分来源于非植被类型。至 2019 年,灌草占总面积的 49.24%。

(3)农田植被转移分析

2000—2005 年广西喀斯特地区农田转出面积为 9743.06 km²,转入 6665.60 km²,出入比为 146.17%,净转入面积 −3077.46 km²,69.70% 的农田没有变化。转出面积中超过七成转向灌草,占总转出面积的 70.54%;转向森林的面积次之,占比 19.76%;转向非植被类型占

9.70%,主要集中在桂林市建城区、柳州市建城区、平果市、大化县、都安县。新增农田中,大部分来源于灌草(71.16%),森林(16.28%)次之,12.56%来源于非植被类型。至 2005 年,农田占总面积的 39.83%。

2005—2010 年广西喀斯特地区农田转出面积为 7837.23 km²,转入 6396.69 km²。相比上时段,转出面积有所减少,转入面积基本持平,出入比为 122.52%,净转入面积 −1440.54 km²,73.05%的农田没有变化。农田转向与上时段基本一致,转出面积中超过七成转向灌草,占总转出面积的 74.88%;转向森林的面积次之,占比 14.88%;转向非植被类型占 10.24%,主要集中在柳州市建城区、鹿寨县、平果市、崇左市、靖西市。新增农田来源与上一时段一致,新增农田中,大部分来源于灌草(84.12%),比例较上时段有所提高,森林(6.31%)次之,9.57%来源于非植被类型,来源主要集中在桂林市建成区。至 2010 年,农田占总面积的 37.86%。

2010—2015 年广西喀斯特地区农田转出面积为 9399.51 km²,转入 5939.10 km²。相比上时段,转出面积大幅增加,转入面积减少,出入比扩大为 158.26%,净转入面积 −3460.41 km²,65.99%的农田没有变化。农田转向与上时段基本一致,转出面积中转向灌草的面积最多,占总转出面积的 64.88%;转向森林的面积次之,占比 23.68%;转向非植被类型占 11.44%,主要集中在桂林市建成区、鹿寨县、贺州市、钟山县、武鸣区。新增农田来源与上一时段一致,新增农田中,大部分来源于灌草(70.27%),比例较上时段有所提高,森林(17.88%)次之,11.85%来源于非植被类型,来源分布在来宾市、贵港市行政区划内。至 2015 年,农田占总面积的 33.12%。

2015—2019 年广西喀斯特地区农田转出面积为 8869.77 km²,转入 6272.35 km²,出入比为 141.41%,净转入面积 −2594.42 km²,63.32%的农田没有变化。转出面积中转向灌草的面积最多,占总转出面积的 69.72%;转向森林的面积次之,占比 16.65%;转向非植被类型占总转出面积的 13.63%。新增农田中,大部分来源于灌草(77.91%),森林(7.75%)次之,来源于非植被类型为 14.34%。至 2019 年,农田占总面积的 29.56%。

3.3 植被覆盖度监测评估

基于 MODIS 卫星遥感数据,采用最大值合成法,获取 2000—2019 年的广西 MODIS NDVI 遥感数据集,利用像元线性二分解模型,估算植被覆盖度,对广西喀斯特地区植被覆盖度月、季度、年时空变化情况进行生态质量监测评估。

○ 3.3.1 植被覆盖监测评估方法

1. 植被覆盖度估算模型

根据像元线性分解模型(苏文豪 等,2018),每个像元的 NDVI 值可以表达为植被覆盖与无植被覆盖两部分贡献的信息组合,通过变换可获得植被覆盖度的公式,表达式如下:

$$f_g = (NDVI - NDVI_o)/(NDVI_g - NDVI_o) \tag{3.15}$$

式中:$NDVI_o$ 为裸土或无植被覆盖区域 NDVI 值,即无植被像元 NDVI 值;$NDVI_g$ 代表完全被植被所覆盖的像元 NDVI 值,即纯植被像元 NDVI 值。当最大植被覆盖度可以近似取 100% 且最小植被覆盖度可以近似取 0 时,可得 $NDVI_g = NDVI_{max}$ 和 $NDVI_o = NDVI_{min}$;当最大、最小植被覆盖度不能分别近似取 100% 和 0 时,需要有一定量的实测数据,那么只需要取一组实测数据中的植被覆盖的最大值与最小值,并在图像中找到这两个实测数据所对应像元的 NDVI 值。因此,计算植被覆盖度的公式变为:

$$f_g = (NDVI - NDVI_{max}) / (NDVI_{max} - NDVI_{min}) \tag{3.16}$$

式中 $NDVI_{max}$ 与 $NDVI_{min}$ 取值通过选取训练样区的方法获得。

2. 植被变化趋势分析方法

植被覆盖度变化趋势率可用来反映植被覆盖在一段时间内的变化速度,研究运用线性趋势法(张月丛 等,2008),分析 2000—2019 年广西喀斯特地区植被覆盖度的整体变化趋势。趋势线分析方法不但能够计算每个像元的趋势,而且可以反映每个像元的空间变化特点。计算公式为:

$$k_{FVC} = \frac{n \times \sum_{i=1}^{n} i \times FVC_i - \left(\sum_{i=1}^{n} i\right)\left[\sum_{i=1}^{n} FVC_i\right]}{n \times \sum_{i=1}^{n} i^2 - \left[\sum_{i=1}^{n} i\right]^2} \tag{3.17}$$

式中:k_{FVC} 为植被覆盖度变化趋势的斜率;n 为 20 a,FVC_i 为第 i 年的年最大植被覆盖度。当植被覆盖度变化趋势率为正值,表明该地区在一段时间内的植被覆盖度呈现增加(变好)趋势;反之,负值表示呈现降低(变差)趋势。

○ 3.3.2　植被覆盖度时间变化特征

1. 年际变化

由逐年植被覆盖度监测变化图(图 3.14)可知:2000—2019 年,广西喀斯特地区植被覆盖度总体呈现显著上升趋势,上升速率为 3.98/(10 a),20 a 均值为 69.59%,年最大值出现在 2016 年(76.76%),年最小值出现在 2005 年(62.17%);2005 年、2012 年植被覆盖度出现明显下降,原因可能是干旱导致。

由逐年植被覆盖度差异变化监测图(图 3.15)可知:2000—2019 年,年均植被覆盖度增长年份为 10 a,减少年份为 9 a,其中,增长年份植被覆盖度年增幅最大为 2012—2013 年(+9.03%),年增幅最小为 2002—2003 年(+0.39%);减少年份植被覆盖度年减幅度最大为 2011—2012 年(-7.43%),年减幅最小为 2001—2002 年(-0.12%);连续增长时段有 2005—2007 年、2014—2016 年。

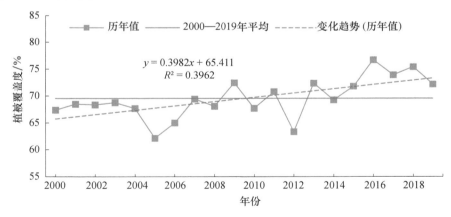

图 3.14　2000—2019 年广西喀斯特地区植被覆盖度年变化

2. 季度变化

由各季度植被覆盖度变化监测图(图 3.16)可知:广西喀斯特地区植被覆盖度表现为"夏秋高、冬春低"的特点,其中,秋季(9—11 月)植被覆盖度最高(67.21%),夏季(6—8 月)次之

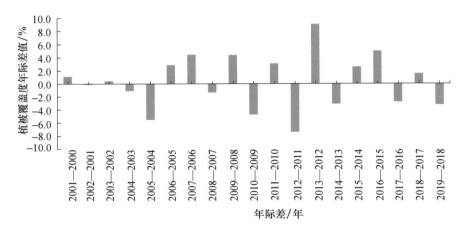

图 3.15   2000—2019 年广西喀斯特地区植被覆盖度年际差值变化

(61.39%),冬季(12—2月)最低(41.35%)。

3. 月际变化

由各季度植被覆盖度变化监测图(图 3.17)可知:广西喀斯特地区植被覆盖度月差异显著,植被覆盖度月均值 54.66%,最高值出现在 9 月(71.61%),最低值出现在 2 月(35.50%),年内植被覆盖度变幅最大达 36.10%。

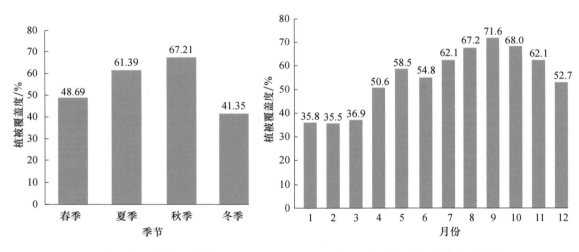

图 3.16   广西喀斯特地区植被
覆盖度四季变化

图 3.17   广西喀斯特地区植被
覆盖度月变化

○ **3.3.3   植被覆盖度空间变异特征**

根据土壤侵蚀分类分级标准(王文辉 等,2017),将植被覆盖度值划分为 5 个等级:<30% 为低植被覆盖度;30%～45% 为中低植被覆盖度;45%～60% 为中植被覆盖度;60%～75% 为中高植被覆盖度;≥75% 为高植被覆盖度。

1. 5 a 间隔时段空间变异

2000—2004 年、2005—2009 年、2010—2014 年、2015—2019 年 4 个时段植被覆盖度变化监测(表 3.15)显示:广西喀斯特地区植被覆盖度以中植被覆盖度为主,中高植被覆盖度和中低植被覆盖度占比相当,低植被覆盖度占比少,无高植被覆盖度;其中,中植被覆盖度占比在 4

个时段均达 70.0％以上，2010—2014 年占比最高（76.7％），2015—2019 年最低（70.0％）。2000—2019 年，广西喀斯特地区中低植被覆盖度占比逐渐减少，由 11.7％（2000—2004 年）降至 7.1％（2015—2019 年），而中高植被覆盖度、低植被覆盖度占比为增加趋势，其中，中高植被覆盖度由 14.4％（2000—2004 年）升至 21.9％（2015—2019 年），低植被覆盖度由 0.1％（2000—2004 年）升至 1.0％（2015—2019 年），植被总体改善趋势显著，但部分地区植被仍为退化趋势。

表 3.15　2000—2019 年 4 个时段广西喀斯特地区植被覆盖度等级占比统计（单位：％）

时段	低覆盖度	中低覆盖度	中覆盖度	中高覆盖度	高覆盖度
2000—2004 年	0.1	11.7	73.8	14.4	0.0
2005—2009 年	0.9	14.0	73.0	12.1	0.0
2010—2014 年	0.9	8.8	76.7	13.6	0.0
2015—2019 年	1.0	7.1	70.0	21.9	0.0
平均值	0.7	10.4	73.4	15.5	0.0

　　2000—2019 年，4 个时段广西喀斯特地区各地市植被覆盖度变化监测显示（表 3.16）：大部分地市以中植被覆盖度为主，少部分地市除外（2000—2004 年贵港、柳州以中低植被覆盖度为主，2005—2009 年柳州、百色以中高植被覆盖度为主，2015—2019 年钦州市以中低植被覆盖度为主）；大多数地市中、中低植被覆盖度占比逐渐减少，中高植被覆盖度增加，少部分地市除外：河池（0.655％）、贺州（0.069％）、贵港（0.292％）中植被覆盖度增加；柳州（0.163％）中低植被覆盖度增加；河池（−0.051％）、柳州（−0.025％）中高植被覆盖度略减少。

　　空间分布显示（图 3.18、表 3.16）：2000—2004 年、2005—2009 年和 2010—2014 年，各个等级植被覆盖度最多、最少地市相同：低植被覆盖度柳州市最多（0.159％、0.113％、0.198％），钦州市最少（0.005％、0.002％、0.008％）；中低植被覆盖度桂林市最多（1.976％、0.625％、1.385％），钦州市最少（0.013％、0.004％、0.010％）；中植被覆盖度河池市最多（23.654％、14.838％、23.724％），钦州最少（0.004％、0.012％、0.003％）；中高植被覆盖度河池市最多（4.529％、14.736％、5.040％），钦州最少（上述三个时段均为 0）。2015—2019 年与前三个时段基本相似，但中高植被覆盖度以百色最多（5.353％）。

表 3.16　2000—2019 年 4 个时段广西喀斯特地区各地市植被覆盖度等级占比统计（单位：％）

时段	等级	桂林	河池	贺州	柳州	百色	来宾	贵港	南宁	崇左	玉林	钦州
2000—2004 年	低	0.14	0.11	0.06	0.16	0.03	0.05	0.02	0.04	0.08	0.01	0.01
	中低	1.98	1.61	1.01	0.75	1.40	1.00	0.64	1.23	1.89	0.07	0.01
	中	7.50	23.69	1.46	5.29	12.25	6.52	0.40	5.87	10.24	0.17	0.00
	中高	1.17	4.54	0.16	1.39	2.96	0.57	0.01	0.93	2.60	0.03	0.00
	高	0.00	0.00	0.00	0.00	0.00	0.00	0.00	0.00	0.00	0.00	0.00
2005—2009 年	低	0.07	0.06	0.03	0.11	0.02	0.02	0.01	0.01	0.05	0.00	0.00
	中低	0.63	0.39	0.42	0.19	0.14	0.14	0.16	0.27	0.55	0.04	0.00
	中	6.51	14.84	1.74	3.53	6.64	5.75	0.80	4.93	8.36	0.18	0.01
	中高	3.59	14.74	0.47	3.72	9.68	2.19	0.08	2.79	5.49	0.03	0.00
	高	0.01	0.02	0.00	0.03	0.22	0.01	0.00	0.01	0.33	0.00	0.00

时段	等级	桂林	河池	贺州	柳州	百色	来宾	贵港	南宁	崇左	玉林	钦州
2010—2014年	低	0.20	0.11	0.07	0.20	0.07	0.04	0.03	0.06	0.12	0.01	0.01
	中低	1.39	1.08	0.80	1.03	0.92	0.71	0.50	0.96	1.32	0.08	0.01
	中	7.67	23.72	1.64	5.34	12.68	6.56	0.53	6.32	12.08	0.16	0.00
	中高	1.54	5.04	0.17	1.02	2.98	0.82	0.04	0.73	1.30	0.00	0.00
	高	0.00	0.00	0.00	0.00	0.00	0.00	0.00	0.00	0.00	0.00	0.00
2015—2019年	低	0.23	0.11	0.09	0.24	0.08	0.03	0.03	0.07	0.11	0.01	0.01
	中低	1.43	1.01	0.86	0.91	0.57	0.37	0.30	0.76	0.82	0.07	0.01
	中	7.35	24.35	1.52	5.07	10.62	5.06	0.69	5.83	9.31	0.15	0.00
	中高	1.79	4.49	0.20	1.36	5.35	2.68	0.04	1.41	4.58	0.02	0.00
	高	0.00	0.00	0.00	0.02	0.00	0.00	0.00	0.00	0.00	0.00	0.00

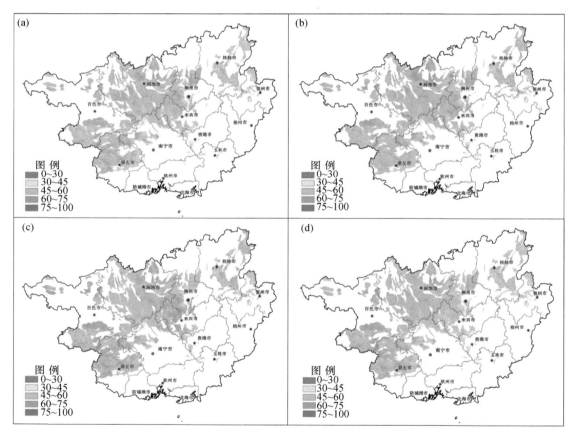

图 3.18 2000—2019 年四个时段广西喀斯特地区植被覆盖度(%)空间变化图

(a. 2000—2004 年;b. 2005—2009 年;c. 2010—2014 年;d. 2015—2019 年)

(注:上图图例中阈值为左不包含,右包含。以下同类图例均与此相同)

2. 季度尺度空间变异

季度植被覆盖度变化监测(表 3.17)显示:广西喀斯特地区植被春季以中植被覆盖度为主(64.8%),夏季(61.8%)和秋季(71.9%)以中高植被覆盖度为主,冬季以中低植被覆盖度为主(57.3%),该地区四季中植被长势最旺盛的季节为秋季。

表 3.17　2000—2019 年不同季度广西喀斯特地区植被覆盖度等级占比统计（单位：%）

季节	低覆盖度	中低覆盖度	中覆盖度	中高覆盖度	高覆盖度
春季	2.5	26.5	64.8	6.2	0.0
夏季	0.4	1.2	36.0	61.8	0.6
秋季	0.3	1.3	13.3	71.9	13.2
冬季	8.3	57.3	33.8	0.6	0.0

空间分布上，春季，广西喀斯特地区西部、西北部及中部地区植被长势较优；夏季中部、东北部、西南部植被长势较优；秋季西南至东北轴线上的崇左市西北部、南宁市西北部、河池市东南部、来宾市北部、柳州市中部喀斯特植被长势优于其他地区，冬季河池市和百色市植被优于其他地区（图 3.19）。

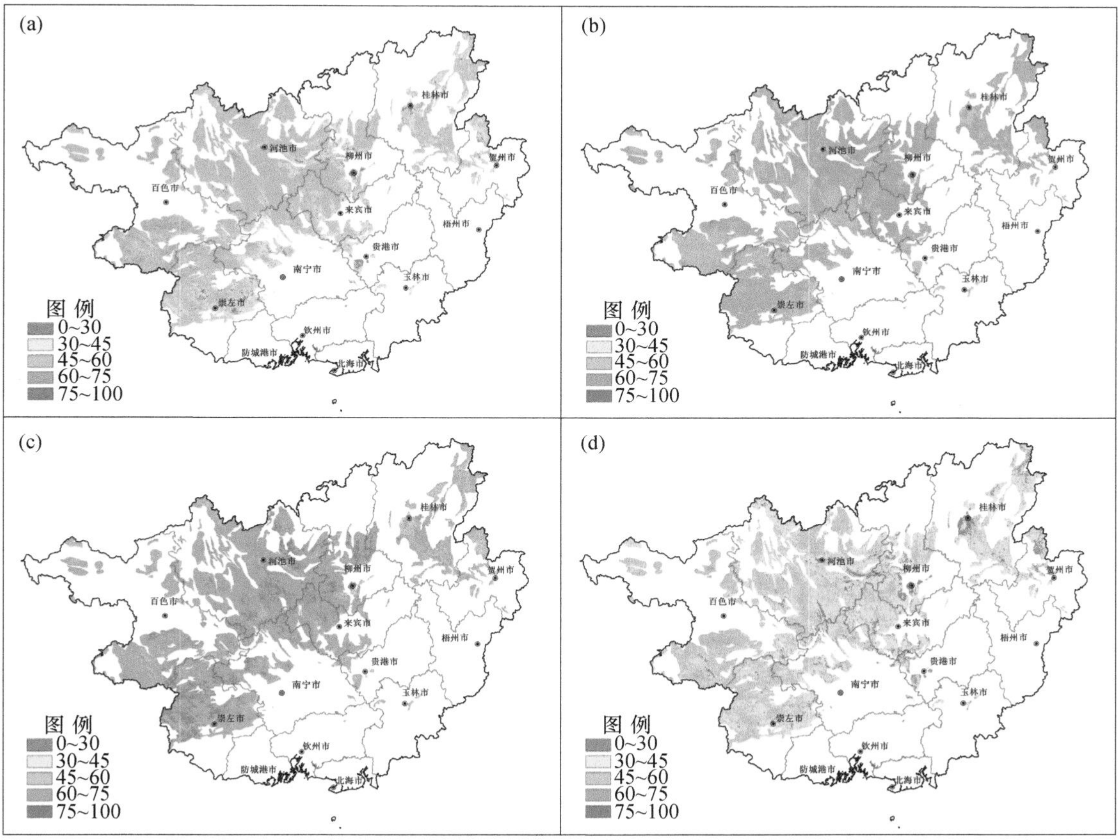

图 3.19　2000—2019 年广西喀斯特地区植被覆盖度（％）季节空间变化

(a.春季；b.夏季；c.秋季；d.冬季)

3. 月尺度空间变异

月植被覆盖度变化监测显示（表 3.18）：广西喀斯特地区植被各月不同等级植被覆盖度差异显著。12 月、1 月、2 月、3 月以中低、低植被覆盖为主，两个等级占比之和均超过 60％，其中 1 月最高（100.0％），3 月最低（69.0％）。4—11 月该地区植被以中高、高植被覆盖度为主，两个等级占比和均超过 70.0％，其中 8 月占比最高（99.6％），11 月占比最低（58.0％）。

表 3.18　不同月份广西喀斯特地区植被覆盖度等级占比统计（单位：%）

月份	低覆盖度	中低覆盖度	中覆盖度	中高覆盖度	高覆盖度
1	71.4	28.6	0.0	0.0	0.0
2	58.8	40.8	0.4	0.0	0.0
3	10.4	58.6	30.7	0.3	0.0
4	0.2	5.6	19.7	41.2	33.3
5	0.1	0.2	1.2	7.7	90.8
6	0.1	0.3	0.9	13.0	85.7
7	0.1	0.2	0.3	1.1	98.3
8	0.0	0.1	0.3	0.8	98.8
9	0.0	0.2	0.4	1.6	97.8
10	0.2	0.8	5.5	17.3	76.2
11	0.6	7.6	33.8	52.2	5.8
12	11.5	61.8	26.6	0.1	0.0

　　空间分布上,西南部崇左市大部分地区、南宁市、河池市、来宾市、贵港市、柳州市、桂林市、贺州市小部分地区植被返青较慢,具体表现这些地区的植被在 1—3 月处于低植被覆盖度(<30%),进入 4 月后处于中低植被覆盖(30%～45%),比大多数喀斯特地区植被覆盖度低(图 3.20)。

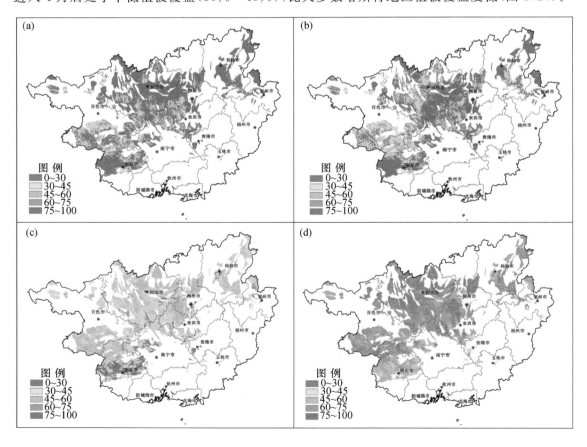

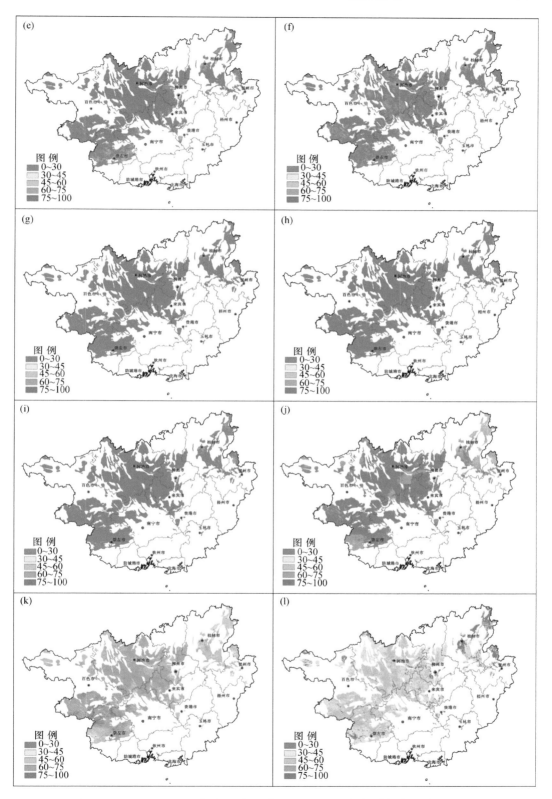

图 3.20 2000—2019 年广西喀斯特地区植被覆盖度(%)各月空间变化

(a.1 月;b.2 月;c.3 月 d.4 月;e.5 月;f.6 月;g.7 月;h.8 月;i.9 月;j.10 月;k.11 月;l.12 月)

4. 植被覆盖度变化趋势分析

植被覆盖度变化趋势分析结果显示(图 3.21):2000—2019 年,广西喀斯特植被覆盖变化类型以增加为主,增加部分约占全喀斯特地区的 98.36%,表明全喀斯特地区 98.36% 植被得到了改善。其中来宾市、桂林市东北部、河池市西南部地区植被改善最明显。喀斯特地区植被改善主要得益于全区退耕还林、生态恢复重建和石漠化治理等政策。

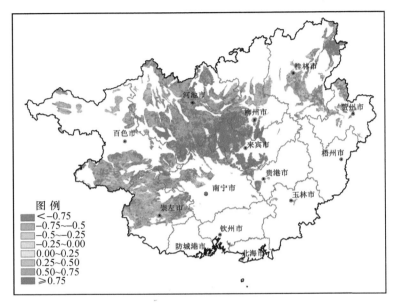

图 3.21 2000—2019 年广西植被覆盖度变化趋势率分布

3.4 植被净初级生产力监测评估

基于 2000—2019 年 MODIS *NDVI*、地面气象资料、土地覆被数据,利用植被光能利用率原理,估算广西喀斯特地区植被净初级生产力,对广西喀斯特地区月、季、年 3 种时间尺度的植被净初生产力进行生态质量监测评估。

○ 3.4.1 植被净初级生产力监测评估方法

1. 植被净初级生产力估算方法

基于植被光能利用原理,利用卫星遥感植被指数 *NDVI* 和地面气象资料,估算植被 NPP (Yan et al,2015),公式如下:

$$NPP = \varepsilon \times \sigma \times FPAR \times PAR \times (1-R_g) \times (1-R_m) \tag{3.18}$$

式中:*NPP* 为植被净初级生产力,单位为克碳每平方米(gC/m^2);ε 为植被所吸收的光合有效辐射转化为有机物的转化率,即光能转化率,单位为克碳每兆焦(gC/MJ);σ 为影响光能转化率的因子,反映温度、水分等因子对光合作用的影响,无量纲;*FPAR* 为植被吸收光合有效辐射的比例,无量纲;*PAR* 为植被所利用的光合有效辐射,单位为兆焦每平方米(MJ/m^2);R_g 植被生长呼吸消耗系数,无量纲;R_m 为植被维持呼吸消耗系数,无量纲。

FPAR 计算公式如下:

$$FPAR = \frac{(VI - VI_{i,\min})(FPAR_{\max} - FPAR_{\min})}{VI_{i,\max} - VI_{i,\min}} + FPAR_{\min} \tag{3.19}$$

式中：VI 与 $NDVI$ 存在如下换算关系：

$$VI = \frac{1 + NDVI}{1 - NDVI}$$ (3.20)

式中：$FPAR_{max} = 0.950$，$FPAR_{min} = 0.001$，$FPAR_{max}$ 和 $FPAR_{min}$ 不随植被类型变化。$V_{i,max}$ 对应着第 i 植被类型 $FPAR$ 达到最大值时的 $NDVI_{i,max}$ 值；$V_{i,min}$ 对应于第 i 植被类型 $FPAR$ 最小时的 $NDVI_{i,min}$ 值。植被类型及其对应的生理生态参数如表 3.19 所示。

表 3.19 植被类型及其对应的生理生态参数

植被类型	$NDVI_{i,max}$	$NDVI_{i,min}$
常绿阔叶林	0.611	0.039
落叶阔叶林	0.721	0.039
针阔叶混交林	0.721	0.039
常绿针叶林	0.689	0.039
落叶针叶林	0.689	0.039
草地	0.611	0.039
灌丛	0.674	0.039
荒漠	0.674	0.039
农业植被	0.674	0.039

2. 植被净初级生产力趋势分析法

植被净初级生产力变化趋势率可用来反映植被生产力在一段时间内的变化速度，运用线性趋势分析法（张月丛 等，2008），分析广西 2000—2019 年植被净初级生产力的整体变化趋势。趋势线分析方法不但能够计算每个像元的趋势，而且可以反映每个像元的空间变化特点。计算公式为：

$$k_{NPP} = \frac{n \times \sum_{i=1}^{n} i \times NPP_i - \left(\sum_{i=1}^{n} i \right) \left[\sum_{i=1}^{n} NPP_i \right]}{n \times \sum_{i=1}^{n} i^2 - \left[\sum_{i=1}^{n} i \right]^2}$$ (3.21)

式中：k_{NPP} 为植被净初级生产力变化趋势的斜率；n 为 20 a，NPP_i 为第 i 年的年植被净初级生产力。当植被净初级生产力变化趋势率为正值，表明该地区在一段时间内的植被净初级生产力呈现上升趋势；反之，负值表示呈现下降趋势。绝对值表示变化的快慢程度。

○ **3.4.2 植被净初级生产力时间变化特征**

1. 年际变化

逐年植被净初级生产力变化监测显示（图 3.22）：2000—2019 年，广西喀斯特地区植被净初级生产力总体呈现显著上升趋势，上升速率为 75.60 (gC/m²)/(10 a)，20 a 均值为 822.11 gC/m²，年最大值出现在 2016 年（963.01 gC/m²），年最小值出现在 2005 年（699.20 gC/m²），2005 年、2006 年、2009、2010 年、2012 年、2014 年植被净初级生产力出现明显下降。

逐年植被净初级生产力差异变化监测显示（图 3.23）：2000—2019 年，年植被净初级生产力增长年为 10 a，减少年为 9 a，其中，增长年植被净初级生产力年增幅最大为 2012—2013 年（+172.80 gC/m²），年增幅最小为 2005—2006 年（+1.6 gC/m²）；减少年植被净初级生产力年减幅度最大为 2004—2005 年（−94.78 gC/m²），年减幅最小为 2007—2008 年（−4.93 gC/m²）；连续增长时段有 2005—2007 年、2009—2011 年、2014—2016 年，连续减少时段有 2001—2003 年、2007—2009 年。

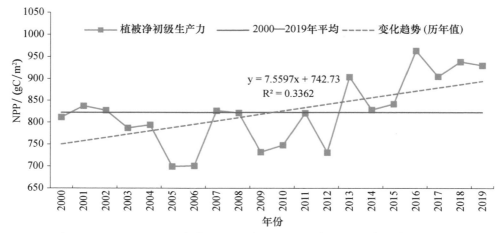

图 3.22　2000—2019 年广西喀斯特地区植被净初级生产力年际变化

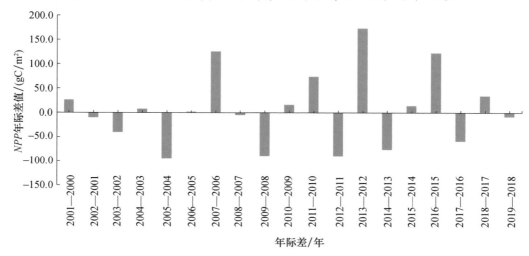

图 3.23　2000—2019 年广西喀斯特地区植被净初级生产力年际差值变化

2. 季度变化

各季度植被净初级生产力变化监测显示(图 3.24):广西喀斯特地区植被净初级生产力表现为"夏秋高、冬春低"的特点,其中,夏季(6—8 月)植被净初级生产力最高(297.51 gC/m²),秋季(9—11 月)次之(249.65 gC/m²),冬季(12—次年 2 月)最低(95.31 gC/m²)。

3. 月际变化

各季度植被净初级生产力变化监测显示(图 3.25):2000—2019 年广西喀斯特地区植被净初级生产力月差异显著,植被净初级生产力月平均值 70.54 gC/m²,最高值出现在 8 月(109.60 gC/m²),最低

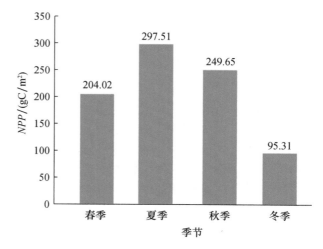

图 3.24　2000—2019 年广西喀斯特地区植被净初级生产力四季变化

值出现在 1 月（26.76 gC/m²），年内植被净初级生产力变幅最大达 82.84 gC/m²。

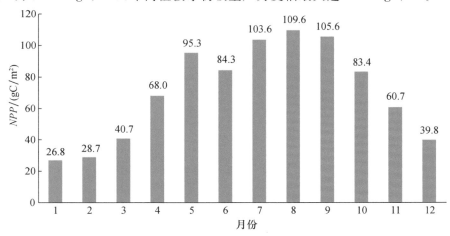

图 3.25　广西喀斯特地区植被净初级生产力月变化图

○ **3.4.3　植被净初级生产力空间变异特征**

由于植被净初级生产力以累积值进行评价，不同于植被覆盖度，因此在 5 年时段、季节、月份制图时采用了不同的等级划分以突显其空间差异性。

1. 5 a 时间尺度空间变异

2000—2004 年、2005—2009 年、2010—2014 年，2015—2019 年四个时段植被净初级生产力变化监测显示（表 3.20）：2000—2004 年、2010—2014 年、2015—2019 年 3 个时段广西喀斯特地区植被净初级生产力分布格局相似，植被净初级生产力 60% 以上集中在 800～1000 gC/m²，次分布区间为 600～800 gC/m²；2005—2009 年广西喀斯特地区植被净初级生产力稍低，50% 以上集中在 600～800 gC/m²，次分布区间为 800～1000 gC/m²。2000—2019 年，广西喀斯特地区中低植被净初级生产力总体上呈增加趋势，表现为高值域植被净初级生产力面积占比增加，>1000 gC/m² 植被净初级生产力由 3.4%（2000—2004 年）增加至 6.9%（2015—2019 年），800～1000 gC/m² 植被净初级生产力由 63.0%（2000—2004 年）增加至 69.4%（2015—2019 年），而 600～800 gC/m² 植被净初级生产力明显减少，由 31.9%（2000—2004 年）减少至 21.4%（2015—2019 年），大部分地区植被净初级生产力增加，但仍有极小部分地区植被净初级生产力下降。

表 3.20　2000—2019 四个时段广西喀斯特地区植被净初级生产力等级占比统计（单位：%）

时段	植被净初级生产力等级（gC/m²）					
	≤200	200～400	400～600	600～800	800～1000	>1000
2000—2004 年	0.0	0.3	1.4	31.9	63.0	3.4
2005—2009 年	0.0	0.4	2.9	53.4	42.7	0.6
2010—2014 年	0.0	0.4	1.7	31.0	65.4	1.5
2015—2019 年	0.0	0.5	1.8	21.4	69.4	6.9

空间分布上（图 3.26）：2000—2004 年、2010—2014 年、2015—2019 年，各个等级植被净初级生产力分布格局相似，但 2010—2014 年时段百色西部植被净初级生产力偏低，而 2015—2019 年时段崇左市西南部和桂林市东北部植被净初级生产力偏高。2005—2009 年时段与其

他 3 个时段相比总体生产力偏低,主要分布在南宁市北部、来宾市西北部、河池市东南部等广西中部地区。

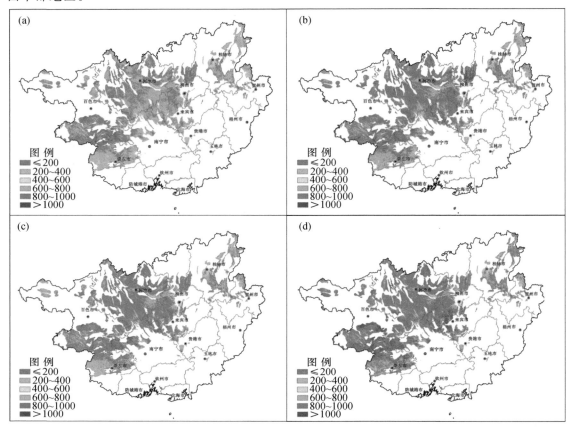

图 3.26 2000—2019 年 4 个时段广西喀斯特地区植被净初级生产力(单位:gC/m²)空间变化

(a.2000—2004 年;b.2005—2009 年;c.2010—2014 年;d.2015—2019 年)

2. 季度尺度空间变异

季度植被净初级生产力变化监测显示(表 3.21):广西喀斯特地区春季植被净初级生产力集中在 150~250 gC/m²,夏季在 250~350 gC/m²,秋季在 200~300 gC/m²,冬季在 50~100 gC/m²,该地区四季中植被净初级生产力最高的季节为夏季。

表 3.21 2000—2019 年不同季度广西喀斯特地区植被净初级生产力等级占比统计(单位:%)

季节	植被净初级生产力等级(gC/m²)							
	≤50	50~100	100~150	150~200	200~250	250~300	300~350	>350
春季	0.0	0.3	7.0	30.8	57.7	4.2	0.0	0.0
夏季	0.0	0.1	0.3	0.6	3.5	47.1	46.1	2.3
秋季	0.0	0.2	0.9	7.5	34.9	52.7	3.8	0.0
冬季	1.0	57.7	41.3	0.0	0.0	0.0	0.0	0.0

空间分布上(图 3.27):春季,广西喀斯特地区西部、西北部及中部地区植被净初级生产力较高;夏季中部、东北部、西南部植被净初级生产力较高;秋季崇左市北部、东部、南宁市西北部植被净初级生产力较高,冬季百色市、河池市、崇左北部植被净初级生产力略高于其他地区。

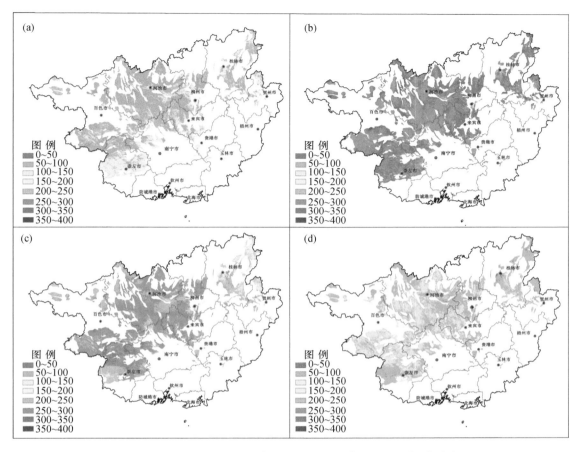

图 3.27 广西喀斯特地区植被净初级生产力(单位:gC/m²)季节空间变化
(a.春季;b.夏季;c.秋季;d.冬季)

3. 月尺度空间变异

月植被净初级生产力变化监测显示(表 3.22):2000—2019 年广西喀斯特地区植被各月不同等级植被净初级生产力差异显著。以面积占比超过 50.0% 的植被净初级生产力值域进行分析,1 月和 2 月植被净初级生产力主要集中在 20~40 gC/m²,占比分别为 87.2%、88.5%;3 月和 12 月植被净初级生产力主要集中在 40~60 gC/m²,占比分别为 56.4%、51.9%;4 月和 11 月植被净初级生产力主要集中在 60~80 gC/m²,占比分别为 57.2%、56.6%,6 月和 10 月植被净初级生产力主要集中在 80~100 gC/m²,占比分别为 62.8%、59.2%,7—9 月植被净初级生产力主要集中在 100~120 gC/m²,占比分别为 56.9%、64.5%、66.1%。相对而言,1—4 月和 12 月,广西喀斯特地区植被净初级生产力较低,5—9 月较高。

表 3.22 2000—2019 年不同月广西喀斯特地区植被净初级生产力等级占比统计(单位:%)

月份	植被净初级生产力等级(gC/m²)							
	≤20	20~40	40~60	60~80	80~100	100~120	120~140	>140
1	11.9	87.2	0.8	0.1	0.0	0.0	0.0	0.0
2	7.5	88.5	4.0	0.0	0.0	0.0	0.0	0.0
3	0.6	42.6	56.4	0.4	0.0	0.0	0.0	0.0

月份	植被净初级生产力等级（gC/m²）							
	≤20	20～40	40～60	60～80	80～100	100～120	120～140	＞140
4	0.0	2.4	23.1	57.2	17.3	0.0	0.0	0.0
5	0.0	0.2	1.3	12.4	44.3	40.8	1.0	0.0
6	0.0	0.2	1.0	30.5	62.8	5.5	0.0	0.0
7	0.0	0.1	0.4	2.4	32.8	56.9	7.4	0.0
8	0.0	0.1	0.4	1.4	15.7	64.5	17.7	0.2
9	0.0	0.1	0.6	2.9	22.5	66.1	7.8	0.0
10	0.0	0.5	6.0	27.4	59.2	6.9	0.0	0.0
11	0.1	3.5	38.3	56.6	1.5	0.0	0.0	0.0
12	0.9	47.0	51.9	0.2	0.0	0.0	0.0	0.0

空间分布上（图 3.28）：崇左市西南部、河池北部、桂林市辖区及东北部在 1—2 月明显低于其他地区；崇左市北部、南宁市西部在 9 月明显高于其他地区。

4. 植被净初级生产力变化趋势分析

植被净初级生产力变化趋势分析结果显示（图 3.29）：2000—2019 年，广西喀斯特植被净初级生产力以增加为主，增加部分约占全喀斯特地区的 98.62%。其中来宾市、桂林市东北部、河池市中东部、崇左市东部和西部、百色市南部地区植被净初级生产力增加最明显。柳州市中部略呈减少趋势。

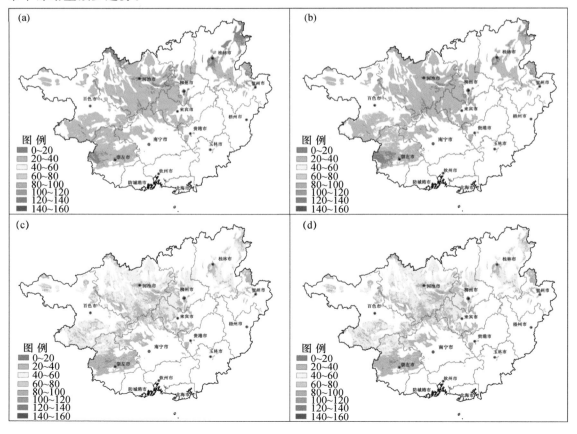

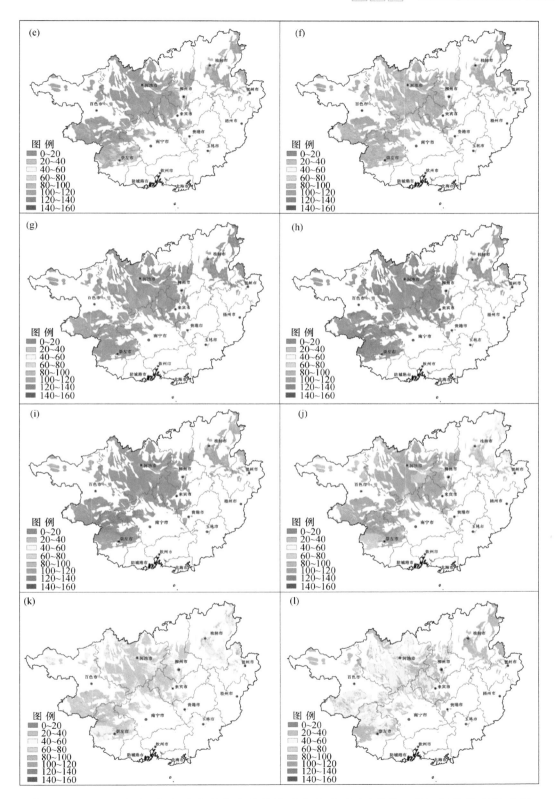

图 3.28 2000—2019 年广西喀斯特地区植被净初级生产力(单位:gC/m²)各月空间变化

(a.1 月;b.2 月;c.3 月 d.4 月;e.5 月;f.6 月;g.7 月;h.8 月;i.9 月;j.10 月;k.11 月;l.12 月)

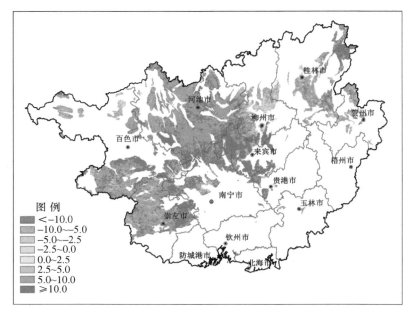

图 3.29　2000—2019 年广西植被净初级生产力变化趋势率分布

3.5　植被综合生态质量监测评估

参考 QX/T 494—2019《陆地植被气象与生态质量监测评价等级》(全国农业气象标准化技术委员会,2019),根据广西喀斯特地区实际的生态环境特点,改进全国植被综合生态质量监测评估模型,对广西喀斯特地区年、季、月 3 种时间尺度的植被综合生态质量进行监测评估。

○ 3.5.1　植被综合生态质量监测评估方法

1. 植被综合生态质量指数(Q_i)

由于植物多样性变化资料的获取目前仍是个难题,且基于 Shannon 的植被生态类型多样性指数也较难获得实时的高分遥感资料,实现较大范围的植被生态类型的多样性评估。因此,在无法考虑大范围植物多样性的情况下,如何将生产功能和生态功能评价指标有机结合来综合反映植被生态质量是关键问题。植被净初级生产力是个绝对量,植被覆盖度是个相对量值,以像元为单元尺度,关键是如何转化为同时可反映单位面积植被净初级生产力与植被覆盖度特征量的问题,通过构建一个既能反映单位面积植被净初级生产力,又能反映覆盖程度的综合指数,即可以定量描述植被生态质量高低。由于植被净初级生产力的时空差异性较大,因此,任一像元植被生长好坏年际之间差异很大。通过对同一像元同一时段内的植被净初级生产力与该时段的空间范围内最大植被净初级生产力的比值,就可得到逼近该像元最高植被净初级生产力的相对量值。此时,根据植被 NPP 和覆盖度对一地植被生态质量的重要性,采用权重加权的方法把二者有机地构成一个植被综合生态质量指数 Q_i(钱拴等,2020),计算公式为:

$$Q_i = 100(f_1 \times \frac{NPP_i}{NPP_m} + f_2 \times FVC_i) \tag{3.22}$$

式中:Q_i 为第 i 年植被生态质量指数;FVC_i 为第 i 年植被覆盖度;NPP_i 为第 i 年植被净初级生产力;NPP_m 为过去第 1 年至第 n 年中最大植被净初级生产力;f_1、f_2 为权重,$f_1 = 0.5$,$f_2 = 0.5$。

2.植被生态改善指数(Q_c)

基于植被覆盖度和植被净初级生产力变化趋势,构建广西喀斯特地区植被生态改善指数,模型如下:

$$Q_c = ak_{FVC} + bk_{NPP} + c \qquad (3.23)$$

式中:Q_c 为植被生态改善指数,k_{FVC} 为植被覆盖度变化趋势率;k_{NPP} 为植被净初级生产力变化趋势率,a、b 为经验系数,c 为常数。根据广西喀斯特地区植被覆盖度和植被净初级生产力分布特点,取 $a=10$,$b=1$,$c=0$。$Q_c>0$,表示在某段时间的变化内区域植被有所改善,反之为植被退化。

○ 3.5.2　改进植被综合生态质量监测评估方法

1. 改进植被综合生态质量指数(MQ_i)

植被净初级生产力直接反映了植被群落在自然环境条件下的生产能力,气候、土壤等自然生态环境决定其大小。广西热量和降水资源空间分布存在较明显的气候梯度差异,植被生态系统类型地域差异明显,因此不同植被生态系统的生产力最大潜力值(NPP_m)也具有较大差异。在不同气候梯度区,采用统一的植被 NPP_m 值,植被生态质量评价结果可能存在较大的出入。要克服这个问题,即要解决植被综合生态质量指数中 NPP_m 的研究空间区域尺度适用性问题。在考虑气候基准的基础上,构建不同植被生态系统类型的植被 NPP_m 边缘函数,确定气候梯度内不同植被生产力的"基准",实现研究区空间区域内的无论是哪种植被类型都可以直接进行生态质量的对比分析。

构建不同植被类型 NPP_m 边缘函数的思路如下:首先利用气候资料,计算研究区多年气候湿润指数,划定气候梯度,其次计算相应时段的植被 NPP_m,分析气候湿润指数与植被 NPP_m 的相关性,构建不同植被 NPP_m 边缘函数,确定气候梯度内植被潜在生产力的自然"基准",改进植被综合生态质量指数模型(MQ_i)。

(1)气候湿润指数计算模型

湿润指数是指年降水量与同期潜在蒸散之比(王红岩,2013),其计算公式为:

$$MI = \frac{P}{PE} \qquad (3.24)$$

式中:MI 为湿润指数,P 为年降水量;PE 为年潜在蒸散。

采用 Thornthwaite 方法计算潜在蒸散(Thornthwaite,1948),公式为:

$$PE = \sum_{i=1}^{12} PE_i \qquad (3.25)$$

$$PE_i = \begin{cases} 0 & T_i \leqslant 0 \\ 16 \times (10\frac{T_i}{I})^a & 0 < T_i \leqslant 26.5 \\ a_1 + a_2 T_i + a_3 T_i^2 & T_i > 26.5 \end{cases} \qquad (3.26)$$

$$I = \sum_{i=1}^{12} (\frac{T_i}{5})^{1.514} \qquad (3.27)$$

$$a = 0.675 \times 10^{-6} I^3 - 7.71 \times 10^{-5} I^2 + 1.792 \times 10^{-2} I + 0.49239 \qquad (3.28)$$

式中:PE_i 为月潜在蒸散,I 为年热量指数,T 为第 i 月平均气温,a 为因地而异的常数;a_1,a_2,a_3 为常数,$a_1=4158.547$,$a_2=322.441$,$a_3=4.325$。

(2)植被 NPP_m 边缘函数

  根据年度气候湿润指数分布特点,按 0.05 为间隔进行划分,研究区共划分出 30 气候区。利用植被生态类型数据与气候区进行叠加分析,得到森林、灌草、农田植被的气候分区。采用统计分析方法,统计森林、灌草、农田植被每类气候区中 NPP_m 概率分布图,选取概率分布的 95% 分位数所对应的 NPP 最大值作为植被净初级生产力上限值。植被净初级生产力上限值一定程度上表达了每个气候区内植被性能和生产力的最大能力。分析气候区每类植被生态系统类型的 NPP 上限值和每类植被气候区湿润指数 MI 的中值的相关性(图 3.30~图 3.32);不同植被生态系统类型在不同气象条件下 NPP_m 不同,森林 NPP_m>灌草 NPP_m>农田 NPP_m,且随气候湿润指数先增加后降低趋势。其中,森林区:$1.0 < MI \leqslant 1.3$,森林 NPP_m 值增加,$MI > 1.3$,森林 NPP_m 开始降低;灌草区:$1.0 < MI \leqslant 1.2$,灌草 NPP_m 值增加,$MI > 1.2$,灌草 NPP_m 开始降低;农田区:$1.0 < MI \leqslant 1.1$,农田 NPP_m 值增加,$MI > 1.1$,农田 NPP_m 开始降低。

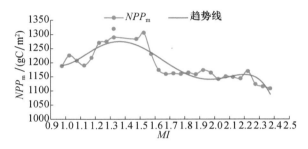

图 3.30 广西喀斯特地区森林植被 NPP_m 与气候湿润指数关系

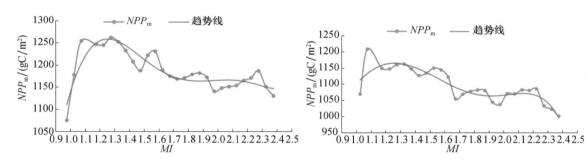

图 3.31 广西喀斯特地区灌草植被 NPP_m 与气候湿润指数关系
  图 3.32 广西喀斯特地区农田植被 NPP_m 与气候湿润指数关系

  利用多项式回归分析方法对植被 NPP_m 与湿润指数 MI 进行拟合,建立森林、灌草、农田植被的 NPP_m 边缘函数(表 3.23)。NPP_m 边缘函数的拟合优度良好,决定系数 R^2 均大于 0.8。

表 3.23 广西喀斯特地区植被 NPP_m 边缘函数

植被类型	$NPP_m(Y)$	$MI(X)$	模型(M)	决定系数(R^2)
森林	FOR_NPP_m	MI	$Y = 347.1X^3 - 1844.3X^2 + 3052.4X - 359$	0.8653
灌草	GRS_NPP_m	MI	$Y = 264.73X^3 - 1394.3X^2 + 2308.4X$	0.9046
农田	FAR_NPP_m	MI	$Y = 162.6X^3 - 860.98X^2 + 1370.5X + 462.97$	0.8087

  2. 改进植被生态质量等级评价指标

  基于改进植被综合生态质量指数大小,参考气象行业标准 QX/T 494—2019《陆地植被气象与生态质量监测评价等级》(全国农业气象标准化技术委员会,2019)等级划分,根据广西喀斯特地区植被生态质量的实际情况,确定广西喀斯特地区植被生态质量监测评估等级指标(表 3.24)。基于植被生态改善指数大小,根据广西植被生态质量改善的实际情况,确定广西喀斯特地区植被生态改善评价等级指标(表 3.25)。

表 3.24 广西喀斯特地区年度植被生态质量监测等级评价指标

生态质量指数	等级				
	差	较差	正常	较好	好
Q_i	$0<Q_i\leqslant20$	$20<Q_i\leqslant40$	$40<Q_i\leqslant60$	$60<Q_i\leqslant70$	$Q_i>70$

表 3.25 广西喀斯特地区植被生态改善监测等级评价指标

生态改善指数	等级					
	明显变差	变差	略变差	略变好	变好	明显变好
Q_C	$Q_C\leqslant-25$	$-25<Q_C\leqslant-10$	$-10<Q_C\leqslant0$	$0<Q_C\leqslant10$	$10<Q_C\leqslant25$	$Q_C>25$

○ 3.5.3 植被生态质量时间变化特征

1. 年际变化

2000—2019 年广西喀斯特地区年植被综合生态质量指数为 50~80,时间上呈现波动式增加趋势(图 3.33),年增速为 0.47。以每 5 年为统计时段,共分为 4 个时段:2000—2004 年、2005—2009 年、2010—2014 年、2014—2019 年。4 时段区域年均植被生态质量指数分别为:61.25、59.02、63.65、70.09。可以看出,2005—2009 年比 2000—2004 年的区域平均植被生态质量指数稍偏低,但不明显。这可能与 2005—2009 年严重少雨干旱、低温寒冻灾害频发相关;2010—2014 年开始跳跃式增长,尤其从 2013 年开始呈现明显上升趋势;2015—2019 年较 2000—2004 年的区域年均植被生态质量指数提高了 8.02,生态环境总体显著提升,植被生态呈现好转态势。

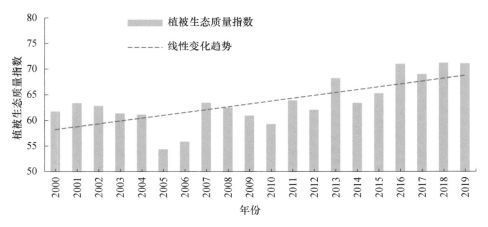

图 3.33 2000—2019 年广西喀斯特地区植被生态质量指数变化

逐年植被综合生态质量差异变化监测显示(图 3.34):2000—2019 年,年植被生态质量增长年为 8 a,减少年为 11 a,其中,增长年植被生态质量年增幅最大为 2006—2007 年(+7.60),年增幅最小为 2005—2006 年(+1.50);减少年植被覆盖度年减幅度最大为 2004—2005 年(−6.79),年减幅最小为 2019—2018 年(−0.12);连续增长时段有 2005—2007 年、2014—2016 年,连续减少时段有 2001—2005 年、2007—2009 年。

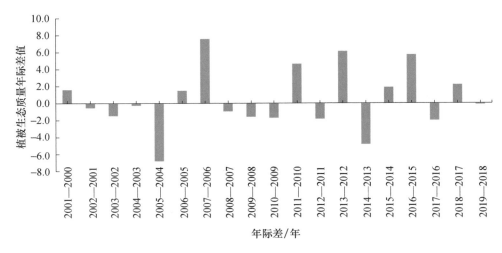

图 3.34　2000—2019 年广西喀斯特地区植被生态质量年际差值变化

2. 季度变化

季度植被生态质量变化监测(图 3.35)显示:2000—2019 年广西喀斯特地区植被生态质量表现为"夏秋高、冬春低"的特点,其中,夏季(6—8 月)植被生态质量最高(68.5),秋季(9—11 月)次之(59.6),冬季(12—2 月)最低(35.1)。

3. 月际变化

月植被生态质量变化监测(图 3.36)显示:2000—2019 年广西喀斯特地区植被生态质量月差异显著,植被生态质量月均值 53.7,最高值出现在 8 月(70.7),最低值出现在 1 月(30.3),年内植被生态质量变幅最大达 40.4。

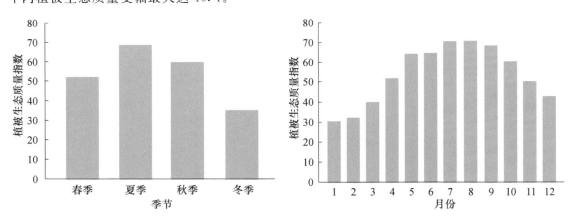

图 3.35　2000—2019 年广西喀斯特地区
植被生态质量四季变化

图 3.36　2000—2019 年广西喀斯特地区
植被生态质量月变化

○ **3.5.4　植被生态质量空间变化特征**

1. 5 a 时间尺度空间变异

广西喀斯特地区植被生态质量等级空间演变特征分析显示(表 3.26,图 3.37):2000—2019 年广西喀斯特地区植被生态质量等级总体良好。2000—2004 年时段有 96.25% 的区域植被生态质量正常偏好,主要分布在河池市西北部、柳州市中部、崇左市北部。2005—2009 年时段可能受自然灾害影响,较 2000—2004 年植被生态质量总体稍下降,有 92.92% 的区域植被生态质量正常偏好,主要分布在百色市南部、崇左市北部。2010—2014 时段区域植被生态质量逐渐恢复,有 97.14％的区域植被生态质量正常偏好,主要分布在河池市西部和北部、百色市南部、崇左市北部。2015—2019 年有 99.07％的区域植被生态质量正常偏好,其中,植被生态质量较好、好等级占比分别为 42.21％、49.80％,大部分植被生态质量总体趋向好的态势发展。

表 3.26 2000—2019 年各时段广西喀斯特地区植被生态质量等级面积及比例统计

植被生态质量等级	2000—2004 年		2005—2009 年		2010—2014 年		2015—2019 年	
	面积/km²	比例/%	面积/km²	比例/%	面积/km²	比例/%	面积/km²	比例/%
差($Q_i \leqslant 20$)	217.32	0.32	324.00	0.47	254.86	0.37	139.29	0.20
较差($20 < Q_i \leqslant 40$)	2353.64	3.43	4535.71	6.61	1709.94	2.49	493.29	0.72
正常($40 < Q_i \leqslant 60$)	22429.71	32.71	31385.14	45.77	20758.29	30.27	4844.31	7.07
较好($60 < Q_i \leqslant 70$)	36439.83	53.14	29519.90	43.05	40829.98	59.54	28947.34	42.21
好($Q_i > 70$)	7136.19	10.40	2811.94	4.10	5023.63	7.33	34152.38	49.80

2. 季节变化

季节植被生态质量变化监测(表 3.27)显示:2000—2019 年广西喀斯特地区植被生态质量指数春季集中在 40～60,占 77.92％;夏季集中在 60～80,占 92.04％;秋季集中在 40～70,占 96.90％;冬季集中在 20～40,占 78.89％。广西喀斯特地区四季中植被生态质量最高的季节为夏季。

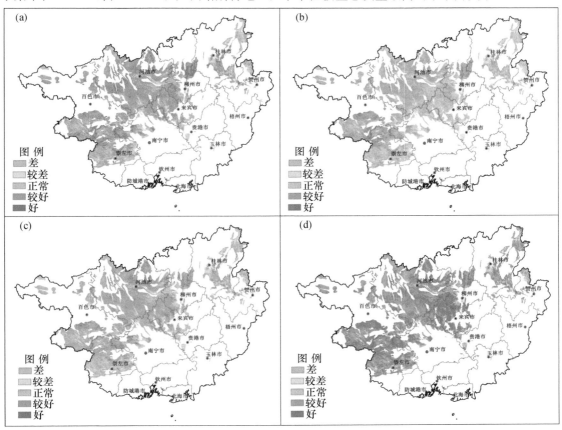

图 3.37 2000—2019 年各时段广西喀斯特地区植被生态质量空间变异分布

(a.2000—2004 年;b.2005—2009 年;c.2010—2014 年;d.2015—2019 年)

表 3.27　不同季度广西喀斯特地区植被生态质量等级占比统计（单位：％）

季节	植被生态质量等级				
	差（$Q_i \leqslant 20$）	较差（$20 < Q_i \leqslant 40$）	正常（$40 < Q_i \leqslant 60$）	较好（$60 < Q_i \leqslant 70$）	好（$Q_i > 70$）
春季	0.05	9.52	77.92	12.51	0.00
夏季	0.01	0.25	7.70	45.58	46.46
秋季	0.02	1.23	43.55	53.35	1.85
冬季	0.73	78.89	20.38	0.00	0.00

　　空间分布上（图 3.38）：2000—2019 年春季，广西喀斯特地区北部河池市植被生态质量较高，西南部的崇左市、中部的柳州市、东北部的桂林市植被生态质量较差；夏季全区域植被生态质量较好，崇左市、柳州市、桂林市植被生态恢复正常；秋季大部分区域植被生态质量正常；冬季全区域植被生态质量较差，尤其是东北部桂林市农田区。

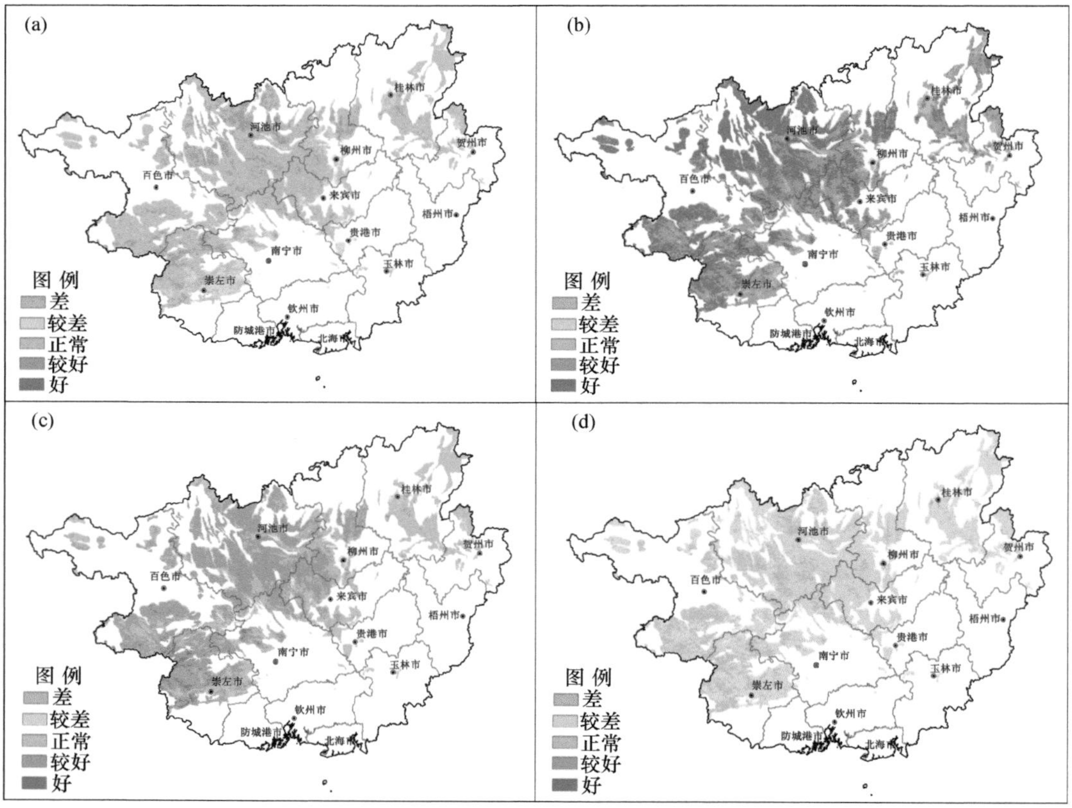

图 3.38　2000—2019 年广西喀斯特地区植被生态质量四季空间变化
（a. 春季；b. 夏季；c. 秋季；d. 冬季）

3. 月际变化

　　月际植被生态质量监测显示（表 3.28）：2000—2019 年广西喀斯特地区月际植被生态质量差异显著。1 月和 2 月植被生态质量指数主要集中在 20～40，占比分别为 92.56％、88.89％；3 月和 12 月植被生态质量指数主要集中在 20～60，占比分别为 99.68％、99.76％；4 月和 11 月植被生态质量指数主要集中在 40～60，占比分别为 71.01％、85.76％，10 月植被生态质量指数主要集中在 40～70，占比为 95.49％，5—9 月植被生态质量指数主要集中在 60～80，占比分别为

72.96%、83.91%、93.29%、92.65%、90.78%。

表 3.28　2000—2019 年广西喀斯特地区月际植被生态质量等级占比统计（单位：%）

月份	植被生态质量等级				
	差（$Q_i \leqslant 20$）	较差（$20 < Q_i \leqslant 40$）	正常（$40 < Q_i \leqslant 60$）	较好（$60 < Q_i \leqslant 70$）	好（$Q_i > 70$）
1	3.15	92.56	4.29	0.00	0.00
2	2.06	88.89	9.05	0.00	0.00
3	0.32	45.61	54.07	0.00	0.00
4	0.04	12.63	71.01	16.32	0.00
5	0.01	0.95	26.08	45.89	27.07
6	0.02	0.38	15.69	65.48	18.43
7	0.01	0.23	6.47	34.25	59.04
8	0.00	0.23	7.11	30.42	62.24
9	0.01	0.35	8.86	44.62	46.16
10	0.01	1.35	38.21	57.28	3.15
11	0.08	9.44	85.76	4.72	0.00
12	0.24	31.69	68.07	0.00	0.00

空间分布上（图 3.39）：1 月、2 月广西喀斯特地区大部分区域植被生态质量较差，3 月广西喀斯特地区植被生态质量开始逐步恢复，其中，河池市植被生态质量恢复较明显，4 月除崇左市东部、柳州中部地区外，其余地区植被生态质量已恢复正常偏好，5—10 月大部分地区植被生态质量正常偏好，11 月桂林市东北部、贺州市北部植被生态质量开始偏差，12 月大部分地区植被生态质量正常偏差，尤其桂林市东北部、柳州市西部和南部、来宾市南部、崇左市东部变差明显。

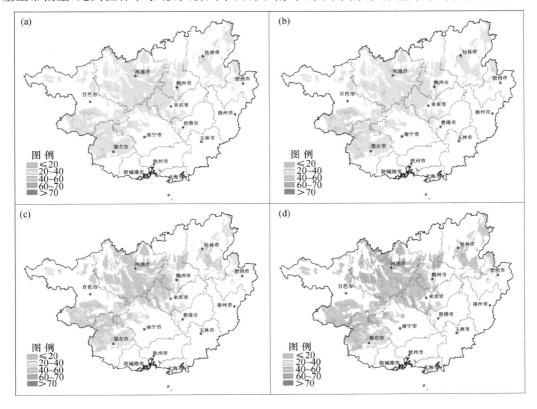

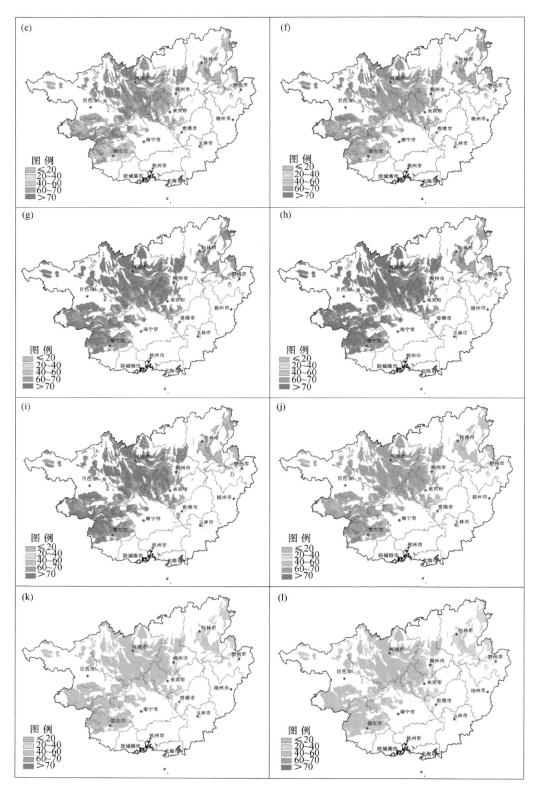

图 3.39 2000—2019 年广西喀斯特地区植被生态质量月空间变化

(a.1 月;b.2 月;c.3 月 d.4 月;e.5 月;f.6 月;g.7 月;h.8 月;i.9 月;j.10 月;k.11 月;l.12 月)

○ 3.5.5　植被生态改善状况分析

以 2000 年为基准,分别计算 2000—2004 年、2000—2009 年、2000—2014 年、2000—2019 年不同时段的广西植被生态改善指数(表 3.29、图 3.40)。至 2004 年,广西喀斯特地区植被生态改善指数为 -0.32/(5 a),总体区域植被生态改善缓慢,有 58.85% 的区域植被生态质量在 5 a 期间呈下降趋势,主要分布在河池市南部、百色市南部、柳州中部、崇左市中部、南宁市北部,但仍有 16.56% 的区域植被生态呈较明显提高趋势,主要分布在河池市西北部、崇左市北部、来宾市西部。至 2009 年,广西喀斯特地区植被生态改善指数为 -0.20/(10 a),植被生态改善逐步提升,但可能受自然灾害或人为影响,仍有 64.60% 的区域植被生态质量在 10 a 内呈下降趋势,主要分布在河池市东南部、百色市东北部、崇左市中部、柳州市中部、来宾市西部。至 2014 年,广西喀斯特地区植被生态改善指数为 0.15/(15 a),植被生态逐渐恢复,有 62.43% 的区域植被生态质量在 15 年内呈上升趋势,主要分布在河池市北部、崇左市东北部。至 2019 年,广西喀斯特地区植被生态改善指数为 0.71/(20 a),植被生态显著提升,有 98.83% 的区域植被生态质量在 20 a 期间呈上升趋势,大部区域植被生态改善良好。

表 3.29　2000—2019 年广西不同时段植被生态改善面积及占比统计

生态改善等级	2000—2004 年		2000—2009 年		2000—2014 年		2000—2019 年	
	面积/km²	比例/%	面积/km²	比例/%	面积/km²	比例/%	面积/km²	比例/%
明显变差	20746.45	30.25	4906.76	7.16	206.44	0.30	22.13	0.03
变差	9395.92	13.70	14903.45	21.74	2735.87	3.99	68.61	0.10
略变差	10217.86	14.90	24474.07	35.70	22824.12	33.28	697.48	1.04
略变好	9452.25	13.78	17591.07	25.66	33262.74	48.51	14192.59	21.12
变好	7416.11	10.81	5564.83	8.12	8535.98	12.45	41638.30	61.96
明显变好	11348.10	16.56	1111.00	1.62	1007.09	1.47	10578.78	15.75

○ 3.5.6　改进植被生态质量模型适宜性分析

1. MQ_i 和 Q_i 模型对比

MQ_i 和 Q_i 对比显示(表 3.30):从植被生态质量等级看,MQ_i 较 Q_i 等级高,其中,Q_i:2000—2004 年、2005—2009 年、2010—2014 年为中等正常等级,2015—2019 年为较好等级;MQ_i:2000—2004 年、2010—2014 年为较好等级,2004—2009 年为中等正常等级,2015—2019 年为好等级。从不同植被生态系统类型看,基于 MQ_i 模型的森林生态质量较 Q_i 模型提升快。Q_i:

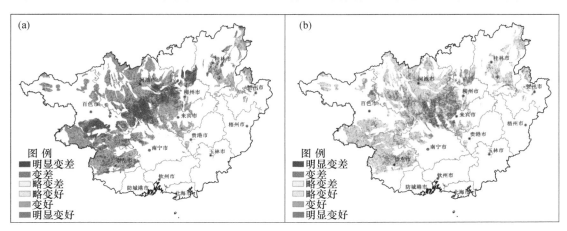

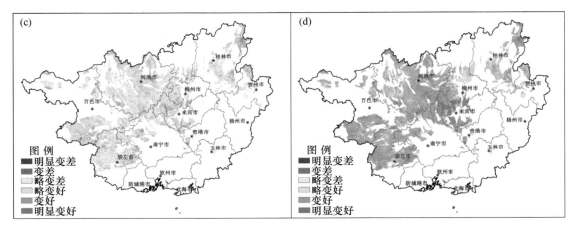

图 3.40 2000—2019 年不同时间尺度广西喀斯特地区植被生态改善程度分布

(a.2000—2004 年,5 年;b.2000—2009 年,10 年;c.2000—2014 年,15 年;d.2000—2019 年,20 年)

2000—2004 年、2005—2009 年、2010—2014 年,灌草＞森林＞农田,2015—2019 年,森林＞灌草＞农田;MQ_i:2000—2004 年、2005—2009 年,灌草＞森林＞农田,2010—2014 年、2015—2019 年,森林＞灌草＞农田。从植被生态质量变化趋势看,至 2004 年、2009 年,植被生态质量变化趋势较缓,且 Q_c＞MQ_c,至 2014 年,植被生态质量变化趋势逐步加快,且 MQ_c＞Q_c,至 2019 年,植被生态质量变化趋势迅速加快,且 MQ_c 较 Q_c 更明显。其中,森林植被生态改善最快,为 0.81/(20 a)。

表 3.30 2000—2019 年不同时段广西喀斯特地区植被生态质量指数(Q_i、MQ_i)对比分析

时段	植被生态质量	森林	灌草	农田	均值
2000—2004 年	Q_i	57.83	59.05	51.00	55.96
	MQ_i	62.19	63.87	57.68	61.25
2000—2004 年	Q_c	−0.05	−0.37	−0.18	−0.20
	MQ_c	−0.07	−0.43	−0.24	−0.25
2005—2009 年	Q_i	55.67	56.59	48.92	53.73
	MQ_i	60.86	61.08	55.13	59.02
2000—2009 年	Q_c	−0.05	−0.20	−0.14	−0.13
	MQ_c	−0.08	−0.24	−0.19	−0.17
2010—2014 年	Q_i	59.06	58.83	51.57	56.49
	MQ_i	65.93	64.79	60.22	63.65
2000—2014 年	Q_c	0.20	0.05	0.12	0.12
	MQ_c	0.25	0.07	0.15	0.15
2015—2019 年	Q_i	66.77	65.42	58.22	63.47
	MQ_i	71.76	70.76	67.75	70.09
2000—2019 年	Q_c	0.26	0.09	0.14	0.16
	MQ_c	0.81	0.68	0.73	0.74

2. MQ_i 和 Q_i 模型适宜性

从气候变化、气象灾害、人类活动等方面分析改进后植被生态质量监测评估模型的适宜性。

(1)气候变化对植被生态变化的指示作用

由植被 NPP_m 与 MI 的相关性可知:气象条件好,有利于植被生长,植被 NPP_m 增加趋势,反之,则不利于植被生长,NPP_m 降低趋势,植被 NPP_m 是随气象条件变化的动态值;且不同植被类型 NPP_m 不同,对气候条件的响应也不同。农田植被对气候条件的响应较敏感,其次是灌草、森林。可见,基于植被 NPP_m 边缘函数,改进生态质量指数模型,更能体现气候变化对植被生态质量变化的指示作用。

(2)气象灾害对植被生态敏感性的影响作用

前人研究结果表明,气候变化背景下的干旱、洪涝及极端气温变化等极端气象灾害造成森林覆盖率、森林质量、森林固碳能力有一定下降,林地涵养水源、调蓄抗洪、保持水土等生态功能降低(王剑波 等,2012)。2004 年、2005 年、2006 年、2009 年广西喀斯特地区旱情严重($SPEI<1.5$)(陈燕丽 等,2019)。2008 年初,广西遭受历史罕见的低温雨雪冰冻灾害,大量林木被损毁,受害森林面积 168.59 万 hm^2,占全区森林面积的 13.02%,生态环境受到严重影响(王祝雄 等,2008)。由此可见,2004—2009 年广西喀斯特地区干旱、冰冻等气象灾害严重。本研究植被生态质量监测显示(表 3.28):2005—2009 年广西喀斯特地区平均植被生态质量指数为近 20 a 最低,从 Q_i 与 MQ_i 模型对比结果看,2000—2004 年、2005—2009 年 Q_i 等级均以中等正常为主,而 2000—2004 年 MQ_i 等级以较好等级为主、2005—2009 年以中等正常等级,可以看出,MQ_i 模型由于 2005—2009 年气象灾害的影响,较 2000—2004 年的生态质量等级降低了一等级。可见,本地化改进后的 MQ_i 模型较 Q_i 模型更能体现气象灾害对生态敏感性、生态脆弱性的影响作用。

(3)人类活动对植被生态质量干扰的影响作用

1999 年以来,国家实施多项石漠化治理工程,特别是黔滇桂喀斯特区石漠化综合治理工程,增加对林草植被保护的投入(马华 等,2014)。通过积极开展人工造林,在石缝中种植易生长的本土树种,增加了森林植被覆盖率。广西各级政府也十分重视石漠化综合防治和岩溶地区的扶贫攻坚工作,防治工作主要经历了试点(2006—2010 年)、示范性推广(2011—2015 年)、综合治理(2016—2020)三个阶段。主要实施了人工造林、封山育林、退耕还林、流域防护林等工程治理措施,强化林草植被的保护和恢复,提高植被质量。前人研究结果表明,以林业生态建设为中心的石漠化治理工程对减少石漠化起到了显著效果,2012 年广西石漠化减少面积在全国八个石漠化省区中最多,全区森林覆盖率达 61.4%,跃居全国第三(黄文华 等,2013);2002—2015 年广西石漠化呈逐渐减少趋势,石漠化程度得到控制(陈燕丽 等,2018)。由此可见,2000 年以来,农村经济社会、生态政策等人类活动对广西喀斯特地区植被生态质量影响起到了积极的改善作用。本研究结果表明:2000—2019 年广西喀斯特地区年植被综合生态质量指数呈现波动式增加趋势,植被生态质量发展经历了缓慢增长、逐步增长、迅速增长、显著提升四个阶段,这与广西喀斯特地区石漠化治理阶段是基本一致的。从 Q_i 与 MQ_i 模型对比结果看,MQ_i 模型的指数、等级、变化趋势均大于或高于 Q_i 模型。可见,本地化改进后的 MQ_i 模型较 Q_i 模型更能体现、更能较好地表征区域植被生态质量的发展历程及人类活动对植被生态的影响作用。

综上可知,气候变化、气象灾害、人类活动对区域植被生态质量的变化均产生深远的影响,本地化改进植被生态质量指数模型,对区域植被生态质量的精准化评价可进行推广与应用。

3.6　植被生态质量检验技术

利用地基可见光图像,计算反演多种可见光植被指数,通过分析石漠化生态气象观测站植被指数与卫星遥感光谱植被指数的相关性,可以验证卫星遥感植被生态质量监测评估结果的准确性。

1. 卫星遥感光谱植被指数变化

卫星遥感数据采用 2018 年 1 月 1 日至 2020 年 10 月 31 日马山生态观测站所在位置的归一化植被指数(Normalized difference vegetation index,NDVI)和增强植被指数(Enhanced vegetation index,EVI)等 MODIS 数据产品(MOD13Q1),该产品空间分辨率为 250 m、时间分辨率为 16 d。分析结果表明,马山生态站所处网格区域的 2018—2020 年的年平均 NDVI 分别为 0.600、0.604 和 0.656,年平均 EVI 分别为 0.357、0.350 和 0.419。2018—2020 年 NDVI 与 EVI 均呈先增大后减小的趋势,各年 NDVI 达到最大值 0.830、0.839 和 0.855 的时间分别为 2018 年 5 月 9 日、2019 年 7 月 28 日和 2020 年 9 月 29 日,达到最小值 0.137、0.033 和 0.162 的时间分别是 2018 年 1 月 17 日、2019 年 2 月 18 日和 2020 年 9 月 13 日(图 3.41);EVI 达到最大值 0.792、0.839 和 0.823 的时间分别是 2018 年 9 月 14 日、2019 年 7 月 28 日和 2020 年 8 月 12 日,达到最小值 0.110、0.033 和 0.092 的时间分别是 2018 年 1 月 17 日、2019 年 2 月 18 日和 2020 年 9 月 13 日(图 3.42)。

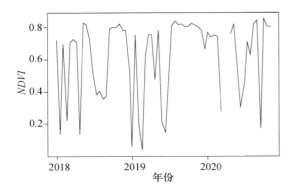

图 3.41 2018 年 1 月 1 日—2020 年 10 月 3 日马山站喀斯特石山植被指数 NDVI 变化 图 3.42 2018 年 1 月 1 日—2020 年 10 月 23 日马山站喀斯特石山植被指数 EVI 变化

2. 数码图像指数与卫星遥感光谱植被指数关系

分析结果表明,卫星光谱植被指数 NDVI 与数码图像指数 ExG、g、GC、GLA、GMRVI、NDYI、NGRDI、RGBVI、VARI、VEG、b 呈负相关关系,仅与 r、CIVE、DGCI 及 ExR 呈正相关关系,其中相关系系数最大的为 VARI(−0.344);EVI 与 GC、GMRVI、NGRDI、VARI、b、CIVE 及 DGCI 呈负相关,而与 ExG、g、GLA、NDYI、RGBVI、VEG、r 及 ExR 呈正相关,其中相关系数最大的为 r(0.350)(图 3.43)。

采用可见光图像提取植被指数存在较大变异,可能原因在于:(1)喀斯特地区石漠化冠层生态站位于山区,不同风速度、风向条件下使得冠层相机捕获的灌草植被形态、位置的差异变化均会对植被指数造成剧烈影响;(2)生态站搭载的数码相机在采集图像时会根据光线条件进行自动曝光和校正,而不同的曝光时间会导致植被图像质量易产生较大的差异。进一步研究中,可以补充监测区域的现场踏勘和样方取样,补充地面调查数据,同时设置相机参数,改进图像校正方法,降低可见光图像指数的变异。总体来说,地基可见光光谱植被指数与遥感植被指数有一定相关性,但其与 NDVI 和 EVI 的相关性差异较大,地基监测结果与遥感监测结果的比对还需要深入研究。

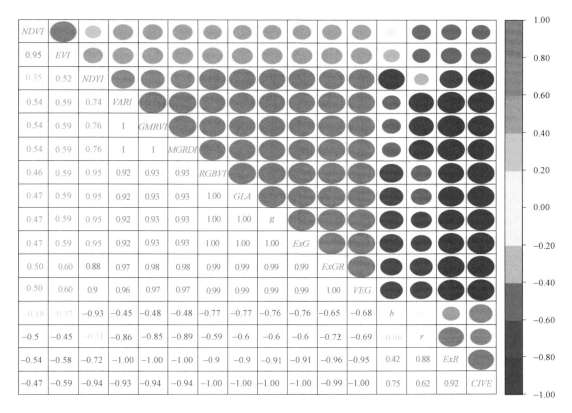

图 3.43　马山站喀斯特石山图像植被指数与卫星遥感光谱植被指数的相关关系

3.7　本章小结

基于植被生态学与植被生态保护红线原理,利用遥感和气象多源数据,从生物多样性、生产功能、生态功能三个方面,构建广西喀斯特地区植被生态质量监测评估指标体系,研究植被生态质量监测评估技术,揭示广西喀斯特地区植被生态系统类型、植被覆盖度、植被净初级生产力、植被综合生态质量时空演变特征。

(1)植被生态系统类型遥感解译技术

Landsat 卫星遥感数据可作为监测广西喀斯特地区植被类型的可靠数据源,最大似然法和决策树分层提取方法是植被类型遥感解译的有效策略,2 m 空间分辨率 GF-1 数据分类结果和无人机航拍影像可用于 Landsat 卫星遥感解译精度评价。研究获得了近 20 a 广西喀斯特地区森林、灌草、农田植被信息,基于 2 m 空间分辨率 GF-1 数据分类结果和无人机航拍影像的精度验证均超过 80%。有效解决了广西喀斯特地区植被生态系统时空演变分析的基础数据问题。随着遥感数据以"三高"(高时间分辨率、高空间分辨率和高光谱分辨率)为发展方向的推陈出新,为研究建立的星地不同尺度遥感数据交互验证技术提供了支持。

(2)植被生态系统类型变化监测

广西喀斯特地区不同植被类型的时空变化显著。2000—2005 年、2005—2010 年、2010—2015 年、2015—2019 年四个时期广西喀斯特地区植被总面积总体呈减少变化趋势,其中森林和灌草为增加,农田为减少。三种植被类型中,灌草植被变化最稳定,四个时期没有发生类型变化的面积比例平均达 78.2%,森林次之(74.0%),农田植被最低(68.0%),不同类型植被相互之间存在转移变化,森林主要转变类型均为灌草,四个时段转移面积比例平均分别为60.9%,灌草主要转变类型为农田,四个时段转移面积比例平均为 67.3%。联系实际,植被类型变化转移原因与国家石漠化治理"退耕还林还草"政策、城市化进程建设项目占用或非农活动导致耕地减少、农村劳动人口外出务工导致耕地丢荒等原因有关。

(3)植被覆盖度监测评估

广西喀斯特地区植被覆盖度在不同时间尺度上的变化均具有较大的波动性,在空间尺度上具有较大的变异性。2000—2019 年,广西喀斯特地区植被覆盖度变化总体呈上升趋势,但年际间植被覆盖变幅较大,持续上升时段短且少。植被覆盖度季节和月变化差异明显,秋季最高,9 月达到峰值,冬季最低,2 月达到谷值。空间分布上,植被覆盖度以中植被覆盖度为主,中高植被覆盖度和中低植被覆盖度占比相当,低植被覆盖度占比少,无高植被覆盖度。低植被覆盖度柳州市分布面积最大,中、中高植被覆盖度河池市、百色市分布面积最大。其中,春季以中植被覆盖度为主,夏季和秋季以中高植被覆盖度为主,冬季以中低植被覆盖度为主,各个季节植被长势较优地区差异明显。另外,4—11 月该地区植被以中高、高植被覆盖度为主,其他月以中低、低植被覆盖为主,部分地区植被返青较慢。

(4)植被净初级生产力监测评估

广西喀斯特地区植被净初级生产力在不同时间尺度上的变化均具有较大的波动性,在空间尺度上也具有较大的变异性。2000—2019 年,广西喀斯特地区植被净初级生产力变化总体呈上升趋势,但年际间植被净初级生产力变幅较大,持续上升和下降的时段均较短。在年内尺度上,广西喀斯特地区植被净初级生产力季节和月变化差异明显,夏季最高,8 月达到峰值,冬季最低,1 月达到谷值。空间分布上,2000—2004 年、2010—2014 年、2015—2019 年三个时段广西喀斯特地区植被净初级生产力分布格局相似,2005—2009 年广西喀斯特地区植被净初级生产力稍低。广西喀斯特地区中低植被净初级生产力总体上呈增加趋势,高值域植被净初级生产力面积占比明显增加。1—4 月和 12 月,广西喀斯特地区植被净初级生产力较低,5—9 月较高。1 月、2 月和 9 月部分地区植被净初级生产力存在明显偏低或偏高。

(5)植被覆盖度和植被净初级生产力的时空变化差异

被覆盖度和植被净初级生产力的时空变化具有明显差异。植被净初级生产力峰值和谷值出现月早于植被覆盖度,如植被净初级生产力峰值为 8 月,植被覆盖度为 9 月。在空间分布格局上,植被覆盖度增加的地区植被生产力不一定增加。其缘由,可能与不同植被类型和土壤条件下植被净初级生产力差异有关,此外,地形地貌及气象条件等因素也影响植被净初级生产力的时空分布格局。

(6)植被综合生态质量监测评估

广西喀斯特地区植被综合生态质量时空变异明显。2000—2019 年广西喀斯特地区年植被综合生态质量指数呈现波动式增加趋势。但年际间植被生态质量变幅较大,持续上升时段短且少。4 个时期植被生态质量呈现"缓慢增长、逐步增长、迅速增长、显著提升"变化特征,地域分布上植被生态质量东北部向西南部、北部向南部逐渐递增。植被综合生态质量季节和月变化差异明显,其中夏季全区域植被生态质量较高,秋季大部分区域植被生态质量正常,冬季全区域植被生态质量较低,尤其是东北部桂林市农田区。年内 1 月、2 月广西喀斯特地区大部分区域植被生态质量较差,3 月、4 月开始逐步恢复,5—10 月大部分地区植被生态质量正常偏好,11 月桂东北部植被生态质量开始偏差,12 月大部分区域植被生态质量偏差,尤其桂林市东北部、柳州市西部和南部、来宾市南部、崇左市东部的农田区变差明显。广西喀斯特地区植被生态改善显著,2000—2019 年有 98.83%的区域植被生态质量呈上升趋势，主要得益于国家实施的石漠化治理工程和广西良好的气候条件。本地化改进的植被生态质量指数模型，更能体现气候变化、气象灾害、人类活动对植被生态质量变化的指示和影响作用，更能精细化、精准化地反映广西喀斯特地区植被生态质量时空分布状况，可为广西喀斯特地区石漠化治理成效评价提供技术支撑及为生态文明建设提供气象保障服务。

参考文献

毕宝德，2006. 经济地理学［M］. 北京：中国人民大学出版社.

陈燕丽，莫建飞，莫伟华，等，2018. 近 30 年广西喀斯特地区石漠化时空演变［J］. 广西科学，25（5）：625-631.

陈燕丽，蒙良莉，黄肖寒，等，2019. 基于 SPEI 的广西喀斯特地区 1971—2017 年干旱时空演变［J］. 干旱气象，37（3）：353-362.

胡宝清，严志强，闫妍，等，2020. 流域系统研究新范式——西江流域案例［M］. 北京：科学出版社.

黄文华，刘家开，2013. 2012 年广西林业 10 件大事及最具影响力的 10 项工作［J］. 广西林业，（4）：7.

马华，王云琦，王力，等. 2014. 近 20 a 广西石漠化区植被覆盖度与气候变化和农村经济发展的耦合关系［J］. 山地学报，32（1）：38-45.

钱拴，延昊，吴门新，等，2020. 植被综合生态质量时空变化动态监测评价模型［J］. 生态学报，40（18）：6573-6583.

全国农业气象标准化技术委员会，2019. 陆地植被气象与生态质量监测评价等级：QX/T 494—2019［S］. 北京：中国标准出版社.

苏文豪，甘淑，袁希平，等，2018. 近 13a 思茅地区植被覆盖度变化及其影响因素［J］. 河南大学学报（自然科学版），48（5）：574-580.

孙家抦，2003. 遥感原理与应用［M］. 武汉：武汉大学出版社.

王红岩，2013. 基于 NPP 和植被降水利用效率土地退化遥感评价与监测技术研究［D］. 北京：中国林业科学研究院.

王剑波，吴柏海，曾以禹，等，2012. 林业与极端天气灾害：走基于生态系统的综合风险管理之路［J］. 林业经济，（11）：24-29.

王文辉，马祥庆，邹显花，等，2017. 2000—2010 年福建省植被覆盖度的时空演变特征［J］. 水土保持研究，24（4）：234-239.

王祝雄，闻宏伟，莫沫，2008. 做好灾后调查评估科学组织灾后重建—广西壮族自治区灾后林业恢复重建调研报告［J］. 林业经济，（4）：21-24.

吴俐民，左小清，倪曙，等，2013. 卫星遥感影像专题信息提取技术与应用［M］. 成都：西南交通大学出版社.

张月丛，赵志强，李双成，等，2008. 基于 SPOT NDVI 的华北北部地表植被覆盖变化趋势［J］. 地理研究，（4）：745-754，973.

Thornthwaite C W，1948. An approach toward a rational classification of climate［J］. Geogr Rev，38（1）：55-94.

Yan H，Wang S Q，Billesbach D，et al，2015. Improved global simulations of gross primary product based on a new definition of water stress factor and a separate treatment of C3 and C4 plants［J］. Ecological Modelling，297：42-59.

Zhuang X，Engel B A，Xiong X，et al，1995. Analysis of classification results of remotely sensed data and evaluation of classification algorithms［J］. Photogrammetric engineering and remote sensing，61（4）：427-433.

第4章　植被生态时空演变驱动因素影响分析

植被生态变化是各种因素综合作用的结果,自然和人文因素是两大主要驱动力。其中,自然因素主要包括地形、气候等,人文主要包括人口、交通等人类活动。基于地形、土壤、气象等数据,分析广西喀斯特地区地形、土壤、气候特点及其与植被生态质量的相关性,研究广西喀斯特地区植被生态演变影响因素。

4.1　地形对植被生态系统演变的影响

基于DEM(数字高程模型)数据,采用GIS技术,统计分析广西喀斯特地区植被生态质量指数与海拔、坡度及坡向等地形因子的相关性,研究地形对植被生态系统演变的影响作用。

○ 4.1.1　海拔高度

从地形来看,广西喀斯特地区海拔范围在 30～1930 m,地形高差变化较大,以峰丛洼地、峰林谷地、孤峰、残丘等类型为主,平均海拔高度 430 m。地势由桂西北向桂东北倾斜,大部分出于云贵高原斜坡过渡地带(图 4.1)。

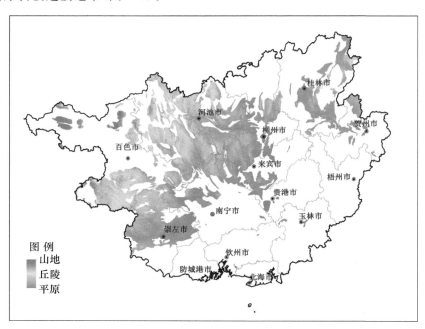

图 4.1　广西喀斯特地区地形分布

利用GIS技术将植被生态质量指数空间分布图与地形高程图相对应,高程以 10 m 为步长,统计每 10 m 高程区间内 T_1(2000—2004 年)、T_2(2005—2009 年)、T_3(2010—2014 年)、T_4(2015—2019 年)四个时段植被生态质量指数的平均值,用该值代表对应区间植被生态质量变化状况(图 4.2)。

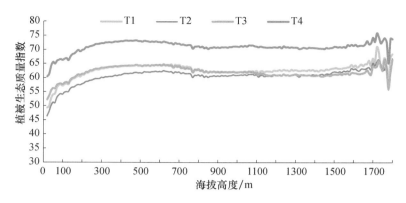

图 4.2 2000—2019 年四个时段不同海拔广西喀斯特地区植被生态质量变化分布

从海拔高度可以看出,海拔高度在 0 至 200 m,各时段广西喀斯特地区植被生态质量随着海拔增加上升速度最快;200 m 至 400 m,各时段广西喀斯特地区植被生态质量随着海拔增加呈现缓慢上升趋势;400 m 至 800 m,各时段广西喀斯特地区植被生态质量随着海拔增加呈现降低趋势;800 m 至 1600 m,各时段广西喀斯特地区植被生态质量随着海拔的上升几乎保持不变的趋势;1600 至 1900m,植被生态质量指数随着海拔的上升出现较强的波动上升趋势。

从四个时段可以看出,T_2 时段较 T_1 时段植被生态质量指数有明显下降趋势;T_3 时段在 0~1000 m 海拔范围内,植被生态质量基本上得到恢复,1000~1900 m 海拔范围内,由于地形环境较复杂,植被生态质量恢复难度较大;T_4 时段全区域海拔范围内植被生态质量均得到了大幅度的提升。

○ 4.1.2 坡度

广西喀斯特地区地形坡度为 0°~80°,平均坡度为 22°(图 4.3)。将植被生态质量指数空间分布图与地形坡度图相对应,坡度以 1° 为步长,统计每 1° 区间内 T_1~T_4 四个时段植被生态质量指数的平均值,用该值代表对应区间植被生态质量变化状况(图 4.4)。

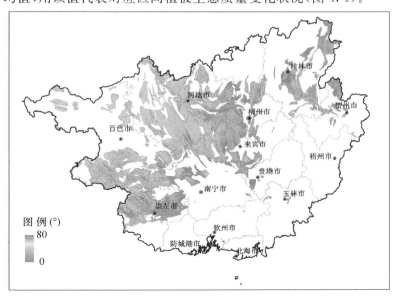

图 4.3 广西喀斯特地区坡度分布

对于不同坡度而言,在 0°~15° 的坡度,植被生态质量随着坡度的上升而增加的趋势明显;在 15°~25° 的坡度,植被生态质量随着坡度的上升呈现缓慢趋势,在 25°~35° 的坡度植被生态质量随着坡度的上升呈现几乎保持不变的趋势;在 35°~55° 的坡度植被生态质量随着坡度的上升呈现略下降趋势;在 55°~80° 的坡度,植被生态质量随着坡度的上升出现"上升—下降—上升"坡度趋势。

对于不同时间段而言,T_2 较 T_1 年植被生态质量指数有明显下降趋势,T_3 在 0°~25° 坡度范围内,植被生态质量基本上得到恢复,但在大于 70° 坡度范围内,由于地形环境较复杂,植被生态质量恢复难度较大;T_4 全区域坡度范围内植被生态质量均得到了大幅度的提升。

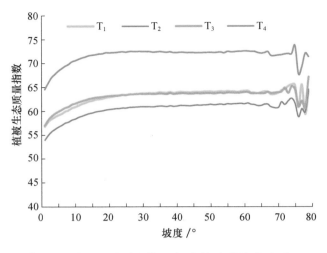

图 4.4 2000—2019 年 4 个时段不同坡度广西喀斯特地区植被生态质量变化分布

○ **4.1.3 坡向**

广西喀斯特地区坡向分为东北、东、东南、南、西南、西、西北、北 8 个方向(图 4.5)。

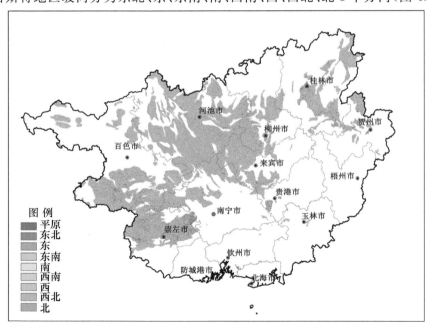

图 4.5 广西喀斯特地区坡向分布图

利用 GIS 技术将植被生态质量指数空间分布图与地形坡向图相对应,坡向以 10° 为步长,统计每 10° 区间内 T_1~T_4 四个时段植被生态质量指数的平均值,用该值代表对应区间植被生态质量变化状况(图 4.6)。

对于不同坡向而言,0°~22.5°(北)坡向范围内,植被生态质量指数较低,其余坡向植被生

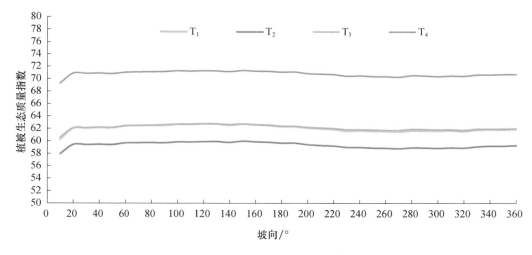

图 4.6　2000—2019 年四个时段不同坡向广西喀斯特地区植被生态质量变化分布

态质量基本无明显变化。

对于不同时段而言，T_2 较 T_1 年植被生态质量指数有明显下降趋势；T_3 在区域坡向范围内，植被生态质量基本上得到恢复；T_4 全区域坡向范围内植被生态质量均得到了大幅度的提升。

综上所述，广西喀斯特地区地形海拔高度较低或较高，坡度较小或较大，坡向的朝向均对植被生态质量产生较大影响作用。

4.2　土壤对植被生态系统演变的影响

基于世界土壤数据库（HWSD）数据，采用 GIS 技术，统计分析广西喀斯特地区植被生态质量指数与土壤类型、土壤质地等土壤因子的相关性，研究土壤条件对植被生态系统演变的影响。

○ 4.2.1　土壤类型

根据 HWSD 广西喀斯特地区土壤类型主要分为：红黄壤、紫色土、石灰土、黏土、潮土、水稻土等（图 4.7）。

利用 GIS 技术将植被生态质量指数空间分布图与土壤类型图相对应，统计每类土壤类型 $T_1 \sim T_4$ 四个时段植被生态质量指数的平均值，用该值代表该土壤类型的植被生态质量变化状况（图 4.8）。

对于不同土壤类型而言，广西喀斯特地区石灰土的平均植被生态质量指数较高，为 64.6，其次是黏土，为 63.9，红黄壤和紫色土相同，为 61.9，潮土、水稻土较低，分别为 59.7、58.1。

对于不同时段而言，T_2 较 T_1 不同土壤类型植被生态质量指数均有明显下降趋势，T_3 区域各土壤类型植被生态质量基本上得到恢复；T_4 全区域土壤类型植被生态质量均得到了大幅度的提升，其中，黏土植被生态质量提升速度最快。

○ 4.2.2　土壤质地

根据 HWSD 广西喀斯特地区土壤质地主要分为：黏土（重）、黏土（轻）、壤土、粉砂壤土、砂质黏壤土、壤质砂土等（图 4.9）。

利用 GIS 技术将植被生态质量指数空间分布图与土壤质地图相对应，统计每类土壤质地

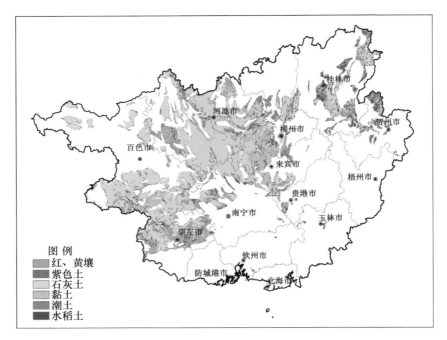

图 4.7　广西喀斯特地区土壤类型分布

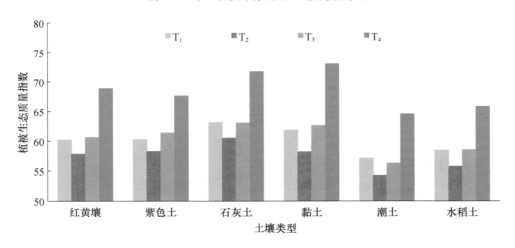

图 4.8　2000－2019 年 4 个时段不同土壤类型广西喀斯特地区植被生态质量变化

T_1～T_4 四个时段植被生态质量指数的平均值,用该值代表该土壤质地的植被生态质量变化状况(图 4.10)。

对于不同土壤质地而言,广西喀斯特地区平均植被生态质量指数黏土(重)最高,为 65.6,其次是黏土(轻),为 63.7,壤质砂土最低,为 60.9。植被生态质量指数随土壤含沙量的增加大致呈现下降趋势。

对于不同时段而言,T_2 较 T_1 不同土壤质地植被生态质量指数均有明显下降趋势,T_3 区域各土壤质地植被生态质量基本上得到恢复;T_4 全区域土壤质地植被生态质量均得到了大幅度的提升,其中,壤土植被生态质量提升速度最快。

综上所述,广西喀斯特地区不同土壤类型、土壤质地均对植被生态质量产生较大影响作用。

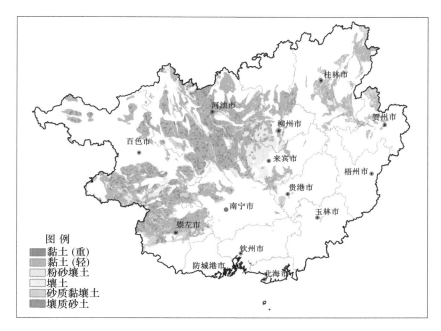

图 4.9　广西喀斯特地区土壤质地空间分布

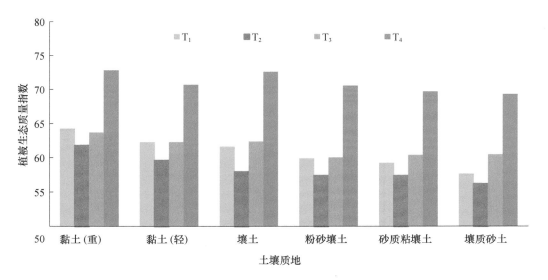

图 4.10　2000—2019 年 4 个时段不同土壤质地广西喀斯特地区植被生态质量变化

4.3　气候对植被生态系统演变的影响

基于 2000—2019 年的气象观测站资料,统计分析广西喀斯特地区气候变化特征、植被生态质量与气候因子的关系,研究气候对植被生态系统演变的影响作用。

○ 4.3.1　气候变化特征

采用统计分析方法,对 2000—2019 年广西喀斯特地区及其周边 62 个站点的气温、降水量、日照时数、相对湿度进行统计,分析气象要素年际、季度、月时间变化特征。运用 GIS 技术,采用反距离权重插值法对广西喀斯特地区及周边气象观测站的气象资料进行空间插值,分析气象要素空间分布特征。

1. 气温

2000—2019 年,广西喀斯特地区年平均气温为 20 ～ 22 ℃,年际变化呈现波动上升趋势。年平均气温为 20.84 ℃,年平均气温最低值出现在 2011 年,为 20.10 ℃,最高值出现在 2016 年,为 21.51 ℃(图 4.11)。

2000—2019 年间,广西喀斯特地区年平均值气温在空间上由低纬度的南部向高纬度的北部递减,由低海拔的平原向高海拔的山区递减。气温高值区主要分布在崇左南部地区,该喀斯特区年平均气温在 21 ℃以上,气温低值区主要分布在百色、河池、桂林北部高寒山区,该喀斯特区年平均气温在 16 ℃以下(图 4.12)。

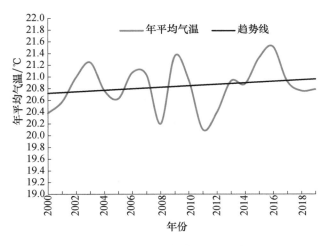

图 4.11 2000—2019 年广西喀斯特地区平均气温年际变化

2000—2019 年间广西喀斯特地区月平均气温为 11 ～ 28 ℃,1 月平均气温最低,为 11.21 ℃,2—7 月气温逐渐上升,7 月平均气温达到最高值 29.90 ℃,7 月之后平均气温逐渐降低(图 4.13)。

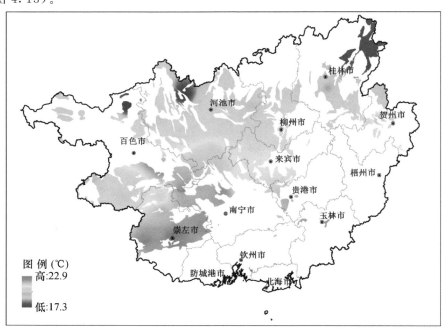

图 4.12 2000—2019 年广西喀斯特地区年平均气温空间分布

广西喀斯特地区月平均气温,在空间分布上,1 月至 5 月平均气温由西南向北、东北逐渐降低;6 月至 12 月平均气温由西南向北、西北逐渐降低(图 4.14)。

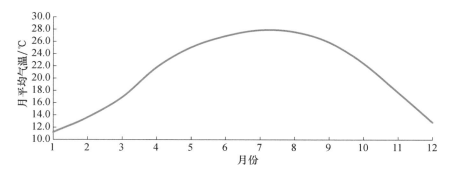

图 4.13　2000—2019 年广西喀斯特地区平均气温月际变化

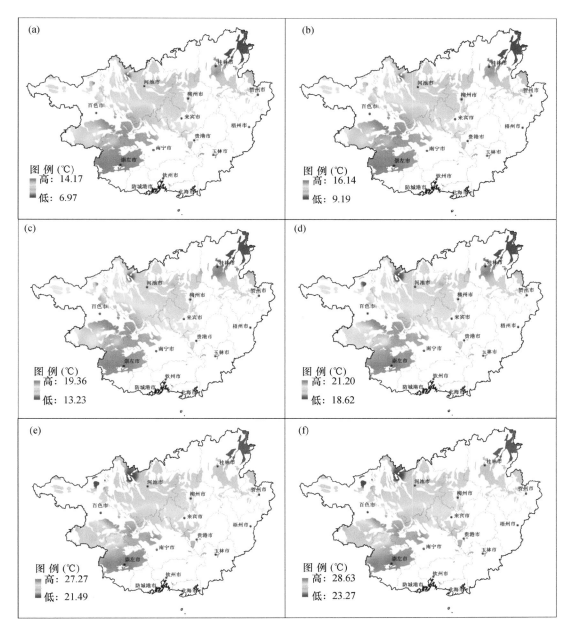

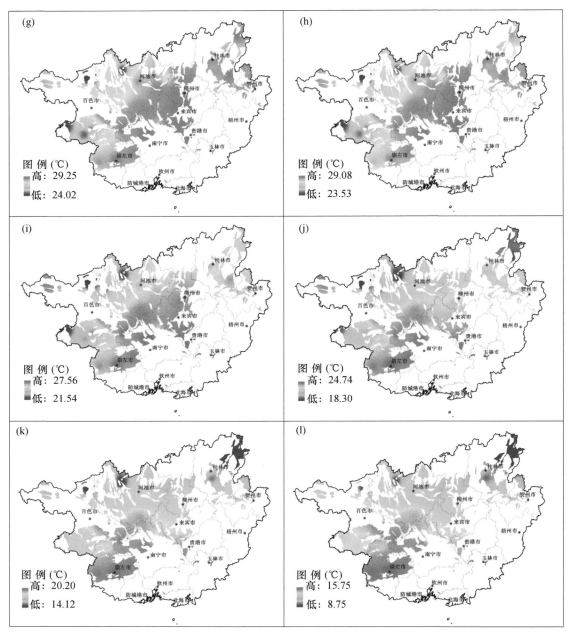

图 4.14 2000—2019 年广西喀斯特地区月平均气温空间分布

(a.1 月;b.2 月;c.3 月 d.4 月;e.5 月;f.6 月;g.7 月;h.8 月;i.9 月;j.10 月;k.11 月;l.12 月)

2. 降水量

2000—2019 年,广西喀斯特地区年平均降水量为 1100~1900 mm,年际变化呈现波动上升趋势。20 a 年平均降水量为 1470 mm,平均降水量最低值出现在 2009 年,为 1136 mm,最高值出现在 2015 年,为 1885 mm(图 4.15)。

广西喀斯特地区年降水量空间上由西南向东北逐渐递增,高值区集中在桂东北的柳州、桂林、贺州等地,该区域降水量在 1700 mm 以上,桂西北的百色、桂西的崇左降水量较少,局部地区降水量在 1000 mm 以下(图 4.16)。

2000—2019 年广西喀斯特地区不同月之间降水量差距较大,月平均降水量为 30.00～300.00 mm,降水量最高值出现在 6 月,为 295.01 mm,降水量最低值出现在 2 月,为 36.97 mm。降水主要集中于 4—9 月,其降水量占年平均降水量的 77.0%(图 4.17)。

广西喀斯特地区月降水量,在空间分布上,1 月至 5 月降水量由东北向西南逐渐减少;6 月、7 月降水量迅速增加,降水高值区开始移至中部,8 月至 10 月降水量逐渐减少,降水量高值区由中部向西南部、西北部移动,11 月、12 月降水量又开始由东北向西南逐渐减少(图 4.18)。

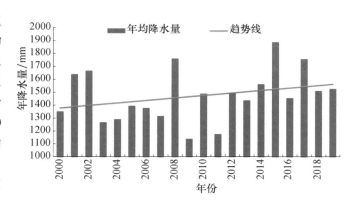

图 4.15　2000—2019 年广西喀斯特地区年平均降水量年际变化

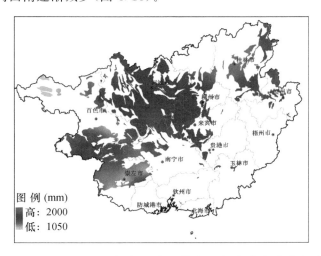

图 4.16　2000—2019 年广西喀斯特地区年均降水量空间分布

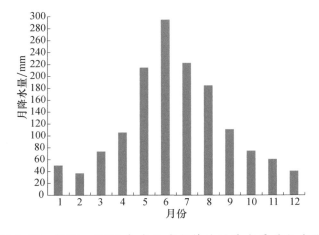

图 4.17　2000—2019 年广西喀斯特地区降水量月际变化

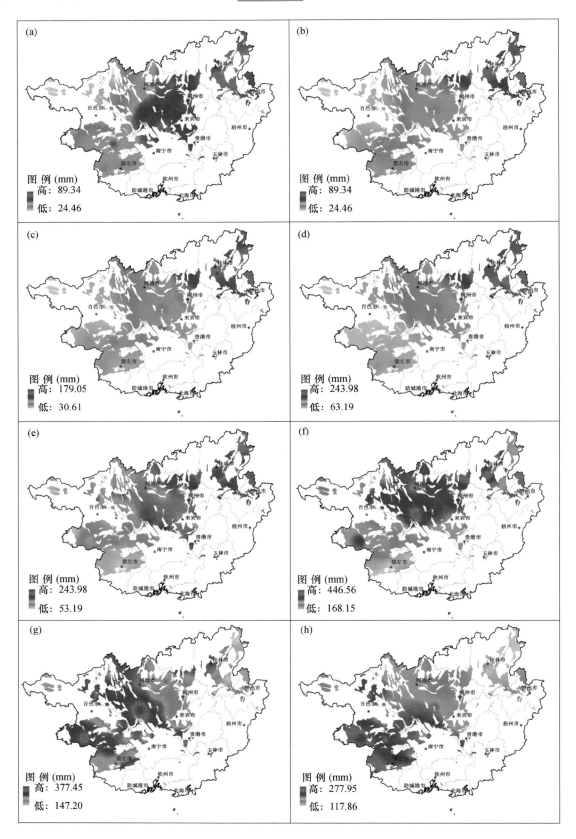

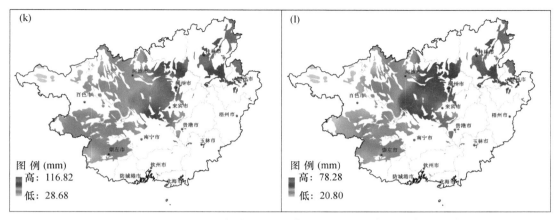

图 4.18 2000—2019 年广西喀斯特地区月平均降水量空间分布

(a.1 月;b.2 月;c.3 月 d.4 月;e.5 月;f.6 月;g.7 月;h.8 月;i.9 月;j.10 月;k.11 月;l.12 月)

3. 日照时数

2000—2019 年,广西喀斯特地区年日照时数为 1300～1700 h,年际变化呈现波动下降趋势。20 a 年平均日照时数为 1448 h,年日照时数最低值出现在 2012 年,为 1197 h,最高值出现在 2003 年,为 1664 h(图 4.19)。

广西喀斯特地区年日照时数空间上由西南、西北向北、东北逐渐减少,高值区集中在桂西南的崇左市,该区域年日照时数在 1500 h 以上,桂北的河池市、东北的桂林市年日照时数量较少,局部地区日照时数在 1200 h 以下(图 4.20)。

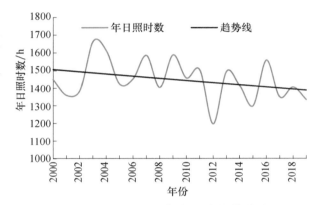

图 4.19 2000 2019 年广西喀斯特地区年日照时数年际变化

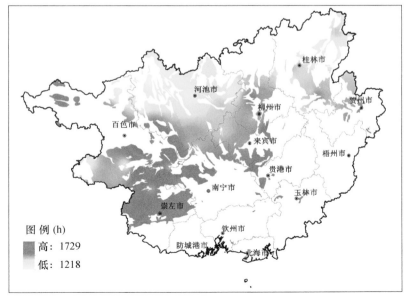

图 4.20 2000 2019 年广西喀斯特地区年平均日照时数空间分布

2000—2019 年广西喀斯特地区不同月之间日照时数差距较大,月日照时数为 60~190 h,1月至 8 月日照时数呈增加趋势,9 月至 12 月呈下降趋势。日照时数最高值出现在 8 月份,为 185 h,最低值出现在 2 月份,为 60 h(图 4.21)。

广西喀斯特地区月日照时数,在空间分布上,1—6 月由东北向西南逐渐增加,7—10 月由东北、东向西北、北逐渐减少(图 4.22)。

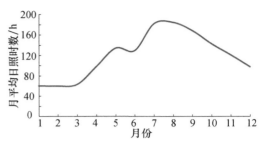

图 4.21 2000—2019 年广西喀斯特地区
平均日照时数月际变化

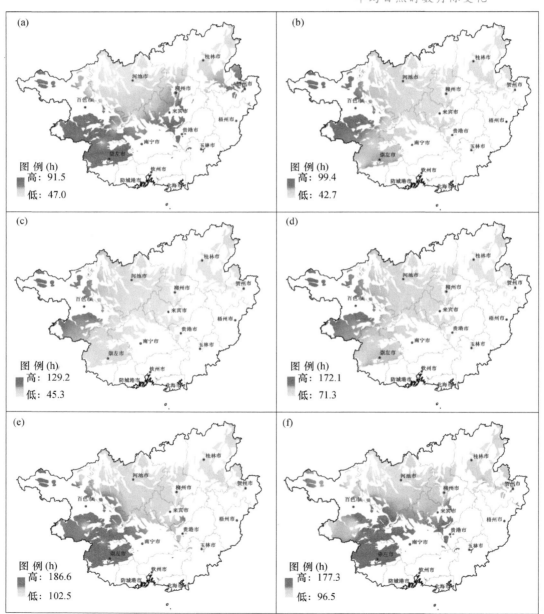

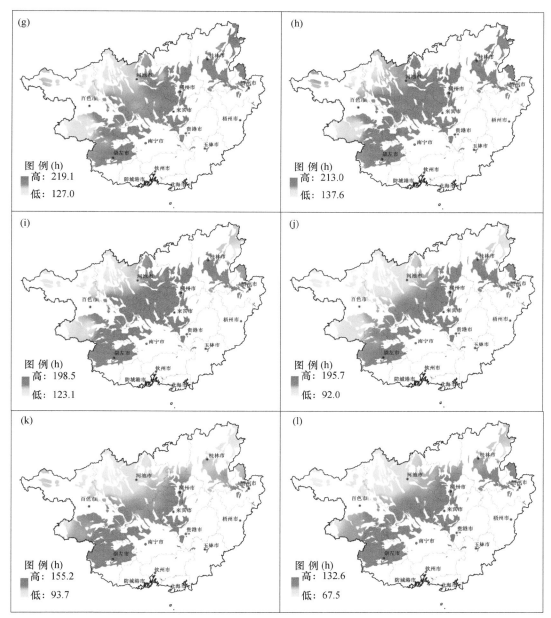

图 4.22 2000—2019 年广西喀斯特地区平均月日照时数空间分布

(a.1 月;b.2 月;c.3 月 d.4 月;e.5 月;f.6 月;g.7 月;h.8 月;i.9 月;j.10 月;k.11 月;l.12 月)

4. 相对湿度

2000—2019 年广西喀斯特地区平均相对湿度为 72.0%~81.0%,年际呈微弱波动上升趋势。20 a 平均相对湿度为 77.1%,年平均相对湿度最低值出现在 2009 年,为 72.6%,最高值出现在 2019 年,为 80.7%(图 4.23)。

广西喀斯特地区年平均相对湿度空间上由北向南、西向东逐渐减少,高值区集中在桂北的河池市,该区域年平均相对湿度在 80.0% 以上,桂东北的桂林市年平均相对湿度较低,局部地区平均相对湿度在 70.0% 以下(图 4.24)。

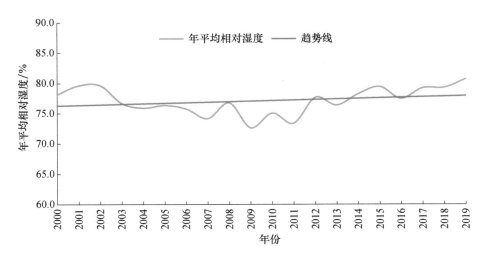

图 4.23 2000—2019 年广西喀斯特地区年平均相对湿度年际变化

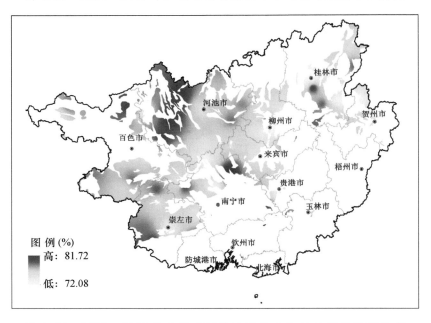

图 4.24 2000—2019 年广西喀斯特地区年平均相对湿度空间分布

2000—2019 年间广西喀斯特地区月平均相对湿度为 72.00%~82.00%,1—6 月平均相对湿度呈波动增加趋势,7—12 月呈波动下降趋势。平均相对湿度最高值出现在 8 月,为 81.35%,最低值出现在 12 月,为 72.73%(图 4.25)。

广西喀斯特地区月平均相对湿度,在空间分布上,2—6 月由西北向东北逐渐增加,7—12 月由西北向东北逐渐降低(图 4.26)。

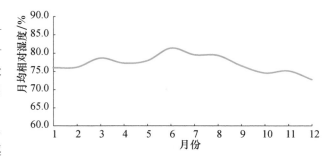

图 4.25 2000—2019 年广西喀斯特地区
月平均相对湿度月际变化

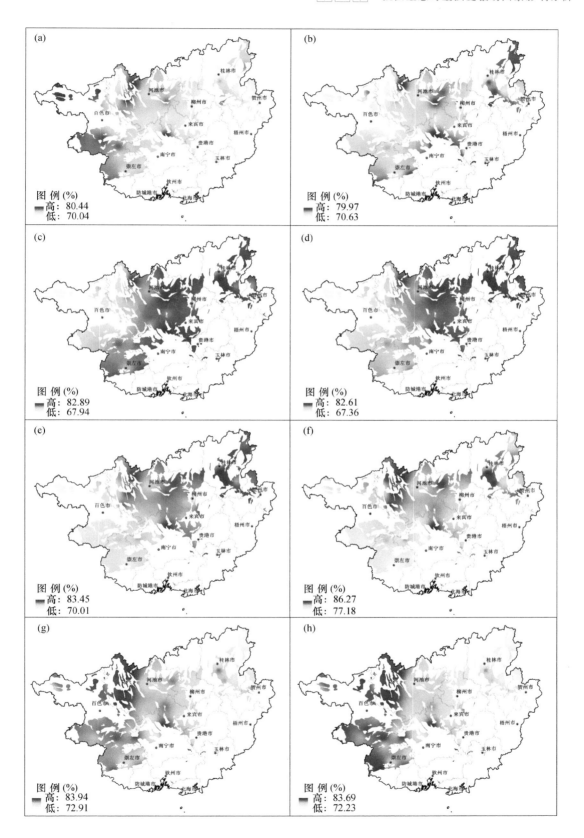

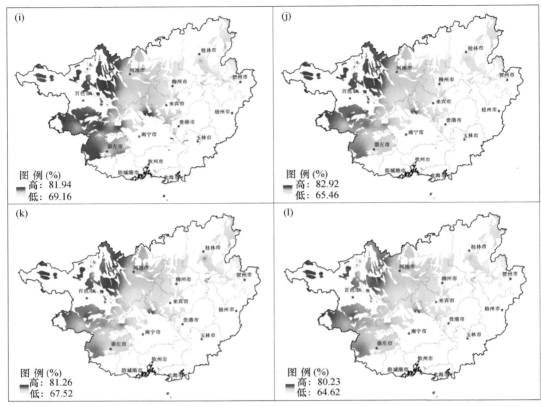

图 4.26　2000—2019 年广西喀斯特地区月平均相对湿度空间分布

(a.1 月;b.2 月;c.3 月 d.4 月;e.5 月;f.6 月;g.7 月;h.8 月;i.9 月;j.10 月;k.11 月;l.12 月)

○ 4.3.2　区域植被生态质量月际变化与气候因子关系

在月际尺度上,相关研究表明植被生长对气候因子的响应存在滞后性。对 2000—2019 年共 240 个月的植被生态质量与当月、前 1 月、前 2 月的气温、降雨、相对湿度和日照时数以及前 0~1 个月、前 0~2 个月、前 1~2 个月的平均气温、累积降雨、累积日照时数和平均相对湿度进行双变量相关分析(表 4.1)。

表 4.1　植被生态质量指数月际变化与各气候因子相关性

前期时间(月)	气温	降雨	日照时数	相对湿度
0	0.896**	0.570**	0.801**	0.193**
1	0.863**	0.720**	0.515**	0.447**
2	0.588**	0.659**	0.170**	0.478**
0~1	0.920**	0.727**	0.735**	0.385**
0~2	0.873**	0.808**	0.603**	0.494**
1~2	0.759**	0.778**	0.383*	0.556**

注:*、** 分别表示在 0.05 和 0.01 水平上显著相关。下同。

结果表明,广西喀斯特地区植被生态质量指数月际变化与各气候因子均存在显著相关关系,其中,与气温的相关性最高,降雨、日照其次,相对湿度的相关性较低。在植被生态质量指数月际变化与气温的相关性中,植被生态质量指数与前 0~1 个月累积气温的相关系数最高,为 0.920,单月中,植被生态质量指数与当前平均气温相关系数最高,为 0.896,说明气温对植被生态质量的影响不存在滞后效应,但存在一定的累积效应,且累积期为 1 个月左右。在植被生态质量指数与降雨的相关性中,植被生态质量指数与前 0~2 个月累积降雨相关系数最高,单月中,与前 1 月的降雨相关系数较高,说明降雨对植被生态质量的影响存在累积效应和滞后效应,累积期为 2 个月左右,滞后期为 1 个月左右。在植被生态质量指数与日照时数的相关性中,植被生态质量与当前月日照时数相关性最高,分别为 0.801,累积月中,与 0~1 个月的累积日照时数相关性最高,为 0.735,说明日照时数对植被生态质量的影响均不存在滞后效应,但存在累积效应,累积期为 2 个月左右。在植被生态质量指数与相对湿度的相关性中,植被生态质量与 1~2 个月的平均相对湿度相关性最高,为 0.556,单月中,与前 2 月的相关性最高,为 0.478,说明相对湿度对植被生态质量的影响存在累积效应和滞后效应,累积期和滞后期均为 2 个月左右。

4.3.3　区域植被生态质量年际变化与气候因子关系

1. 年均植被生态质量年际变化与气候因子关系

对 2000—2019 年广西喀斯特地区年平均植被生态质量与同期气温、降水量、日照时数和相对湿度分别进行双变量相关分析,结果见表 4.2。

表 4.2　年际植被生态质量与各气候因子相关性

气候因子	气温	降水量	日照时数	相对湿度
相关系数	0.368	0.453*	−0.170	0.439

结果表明,在年际变化上,广西喀斯特地区整体植被生态质量只与降雨呈显著正相关关系,与气温、日照时数、相对湿度的相关性绝对值均较小,且均未通过显性检验,说明广西喀斯特地区整体植被生态质量在年际变化上只对降水量响应强烈,其余气候因子响应一般。

2. 月均植被生态质量年际变化与气候因子的关系

分别对各个月植被生态质量指数在 2000—2019 年的年际变化与当月、前 1 月、前 2 月的气温、降雨、日照时数和相对湿度及前 0~1 个月、前 0~2 个月、前 1~2 个月的平均气温、累积降雨、累积日照时数和平均相对湿度进行双变量相关分析。

气温:1 月、2 月、3 月和 7 月的植被生态质量指数与气温的相关系数较高,其中 1 月与当月气温、前 0~1 个月和前 0~2 个月平均气温的正相关性达到显著水平,2 月与前 0~1 个月平均气温显著正相关,7 月与前 2 月气温、前 0~2 个月、前 1~2 个月平均气温显著正相关(表 4.3)。

表 4.3　各月植被生态质量指数年际变化与气温的相关系数

月份	距当月前的月数					
	0	1	2	0~1	0~2	1~2
1	0.576**	0.198	−0.187	0.568**	0.527*	−0.018
2	0.429	0.257	−0.035	0.446*	0.400	−0.381
3	0.453*	0.219	0.227	0.386	0.388	0.280
4	0.327	0.145	0.129	0.333	0.296	0.170
5	0.061	0.111	0.151	0.118	0.189	0.201
6	0.216	0.253	−0.087	0.326	0.147	0.085

月份	距当月前的月数					
	0	1	2	0~1	0~2	1~2
7	0.162	0.207	0.539*	0.273	0.531*	0.547*
8	0.117	−0.143	0.214	−0.037	0.089	0.047
9	0.073	−0.107	−0.059	0.006	−0.024	−0.096
10	−0.255	−0.077	−0.225	−0.226	−0.269	−0.163
11	0.058	−0.189	−0.020	−0.098	−0.091	−0.147
12	−0.038	0.078	−0.096	0.047	−0.036	−0.014

降雨：9月、10月、11月和12月的植被生态质量指数与降雨的相关系数较高，主要为正相关关系。其中又以10月的相关性最高，10月植被生态质量指数与前1个月、前2个月、前0~1个月、前0~2个月、前1~2个月的累积降雨量均呈显著正相关关系，相关系数分为0.757、0.515、0.673、0.774(表4.4)。

表4.4　各月植被生态质量指数年际变化与降雨的相关系数

月份	距当月前的月数					
	0	1	2	0~1	0~2	1~2
1	−0.089	0.086	0.187	0.005	0.122	0.172
2	−0.155	0.121	0.193	0.009	0.147	−0.108
3	0.456*	−0.091	0.197	0.292	0.440	0.126
4	0.006	0.485*	−0.117	0.329	0.235	0.300
5	−0.167	−0.208	0.538*	−0.238	0.037	0.188
6	−0.264	0.291	−0.299	−0.086	−0.222	0.010
7	−0.410	0.037	0.090	−0.327	−0.270	0.078
8	0.141	0.200	−0.123	0.244	0.134	0.084
9	0.393	0.540*	0.095	0.590**	0.517*	0.361
10	0.255	0.757**	0.515*	0.673**	0.759**	0.774**
11	0.074	0.363	0.301	0.303	0.369	0.473*
12	0.347	0.476*	0.232	0.496*	0.515*	0.489*

日照时数：1月、2月、6月和12月的植被生态质量指数与日照时数的相关系数较高，其中，1月、2月植被生态质量指数与当前日数时数、前0~1个月累积日照时数呈显著正相关关系；6月份植被生态质量指数与当月、前1个月日照时数、前0~1个月、前0~2个月累积日数时数呈正相关关系；12月植被生态质量指数与前1月日照时数、前0~1个月、前0~2个月累积日数时数呈负相关关系(表4.5)。

表4.5　各月植被生态质量指数年际变化与日照时数的相关系数

月份	距当月前的月数					
	0	1	2	0~1	0~2	1~2
1	0.738**	−0.134	−0.132	0.461*	0.287	−0.179
2	0.549*	0.207	−0.110	0.451*	0.333	−0.228
3	0.371	0.153	0.016	0.328	0.250	0.098

月份	距当月前的月数					
	0	1	2	0～1	0～2	1～2
4	0.156	−0.037	0.189	0.091	0.184	0.112
5	0.363	0.004	0.119	0.242	0.296	0.091
6	0.466*	0.458*	0.112	0.607**	0.539*	0.375
7	0.240	−0.077	0.451*	0.131	0.305	0.222
8	0.157	−0.463*	−0.140	−0.259	−0.300	−0.451*
9	0.222	−0.341	−0.272	−0.056	−0.207	−0.380
10	0.172	−0.460*	−0.193	−0.220	−0.286	−0.439
11	−0.124	−0.249	−0.010	−0.304	−0.230	−0.178
12	−0.102	−0.583**	0.073	−0.459*	−0.402	−0.534*

　　相对湿度:6 月、10 月、11 月和 12 月的植被生态质量指数与相对湿度的相关系数较高,其中,6 月植被生态质量指数与当月相对湿度、前 0～1 个月、前 0～2 个月、前 1～2 个月平均相对湿度呈显著负相关关系;10 月植被生态质量指数与前 1 个月、前 0～1 个月平均相对湿度主要呈显著正相关关系;11 月与前 0～1 个月平均相对湿度主要呈显著正相关关系;12 月前 1 个月、前 0～1 个月、前 0～2 个月、前 1～2 个月平均相对湿度呈显著正相关关系(表4.6)。

表 4.6　各月植被生态质量指数年际变化与相对湿度的相关系数

月份	距当月前的月数					
	0	1	2	0～1	0～2	1～2
1	−0.196	0.150	0.195	−0.016	0.074	0.211
2	−0.393	0.012	−0.007	−0.264	−0.204	0.003
3	0.245	−0.145	0.387	0.037	0.233	0.157
4	−0.080	0.415	−0.134	0.242	0.087	0.139
5	0.020	−0.114	0.327	−0.071	0.134	0.159
6	−0.502*	−0.317	−0.432	−0.529*	−0.556*	−0.444*
7	−0.375	−0.167	−0.299	−0.341	−0.384	−0.295
8	−0.119	0.175	−0.091	0.035	−0.005	0.070
9	0.280	0.405	0.254	0.395	0.413	0.362
10	0.224	0.583**	0.111	0.514*	0.419	0.418
11	0.399	0.437	0.077	0.498*	0.440	0.382
12	0.231	0.707**	0.295	0.566**	0.541*	0.618**

　　总体上看,由于气候对植被生态质量的影响存在累积效应和滞后效应,广西喀斯特地区月均植被生态质量对冬季和夏季的气温、日照较敏感,相关性较高;对夏季和秋季的降雨、相对湿度较敏感,相关性较高。

4.4　植被生态演变驱动因素影响区划

　　利用 2000—2019 年广西喀斯特地区年平均植被生态质量与同期气温、降雨数据,分别计算植被生态质量年际变化与各气候因子的相关性,结合相关系数临界值表对其进行显著性检验,分析植被生态质量变化气候驱动影响因素,构建广西喀斯特地区植被生态演变驱动因素分区指标,研究植被生态演变驱动因素影响区划。

○ 4.4.1 相关性分析方法

偏相关分析是在消除其他变量影响的前提下,计算某两个变量之间的相关性(穆少杰,2012)。利用基于像元的偏相关分析法分别研究气温和降水量对植被生态质量变化的影响,线性相关系数的计算公式如下:

$$R_{xy} = \frac{\sum\limits_{i=1}^{n}(x_i - \overline{x})(y_i - \overline{y})}{\sqrt{\sum\limits_{i=1}^{n}(x_i - \overline{x})^2}\sqrt{\sum\limits_{i=1}^{n}(y_i - \overline{y})^2}} \tag{4.1}$$

式中,R_{xy} 为 x、y 两变量的线性相关系数;x_i 与 y_i 分别为 x、y 两变量第 i 年的值;$\overline{x}$ 和 $\overline{y}$ 分别表示两变量 n 年的平均值;n 为样本数。基于线性相关系数的计算结果,偏相关系数计算公式如下:

$$R_{xy \cdot z} = \frac{R_{x,y} - R_{xz}R_{yz}}{\sqrt{1-R_{xz}^2}\ \sqrt{1-R_{yz}^2}} \tag{4.2}$$

式中,$R_{xy \cdot z}$ 为自变量 z 固定后因变量 x 与自变量 y 的偏相关系数。采用 T 检验法对偏相关系数的显著性进行检验,其统计量计算公式如下:

$$T = \frac{R_{xy \cdot z}}{\sqrt{1-R_{xy \cdot z}^2}}\sqrt{n-m-1} \tag{4.3}$$

式中,n 为样本数(时间序列为 2000—2019 年,即 $n=20$);m 为自变量个数。

综述分析可知,植被生态质量的变化是受多个气候因子的综合作用影响,需要采用复相关分析方法来解决,复相关的计算公式如下:

$$R_{x \cdot yz} = \sqrt{1-(1-R_{xy}^2)(1-R_{xz \cdot y}^2)} \tag{4.4}$$

式中,$R_{x \cdot yz}$ 表示因变量 x 和自变量 y、z 的复相关系数;R_{xy} 表示 x 与 y 的线性相关系数,$R_{xz \cdot y}^2$ 表示固定自变量 y 之后因变量 x 与自变 z 的偏相关系数。采用 F 检验法对复相关系数进行显著性检验,其统计量计算公式如下:

$$F = \frac{R_{x \cdot yz}^2}{1-R_{x \cdot yz}^2} \cdot \frac{n-k-1}{k} \tag{4.5}$$

式中,n 为样本数(时间序列为 2000—2019 年,即 $n=20$);k 为自变量个数。

参考相关研究成果(曹磊,2014),相关系数通过 0.05 水平的显著性检验,则认为两个要素的相关性达到显著水平;相关系数通过 0.01 水平的显著性检验,则认为其相关性达到极显著水平。

○ 4.4.2 逐像元植被生态演变与气候因子相关性分析

1. 植被生态质量与气温偏相关性分析

广西喀斯特地区植被生态质量年均值与气温的偏相关系数为 $-0.6 \sim 0.9$,正、负相关的区域分别占研究区面积的 96.20%、3.80%,正相关区域分布面积较大,正相关较强区域主要集中在桂东北北部的桂林市、柳州市、河池市东部、桂西北的百色市北部;而负相关区域分布面积较小,主要分布在桂北河池市中部、桂西崇左市中部、南宁市北部小区域范围(图 4.27,表4.7)。整体而言,2000—2019 年广西喀斯特地区植被生态质量与气温的偏相关系数的平均值为 0.31,植被生态质量与气温呈正相关特征明显。

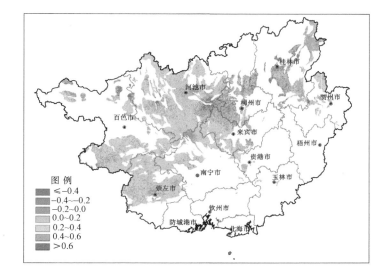

图 4.27　广西喀斯特地区植被生态质量与气温偏相关性空间分布

表 4.7　广西喀斯特地区植被生态质量与气温偏相关性面积及百分比

序号	相关系数	面积/km²	面积百分比/%
1	$\leqslant-0.4$	19.16	0.03
2	$-0.4\sim-0.2$	279.86	0.39
3	$-0.2\sim0.0$	2464.29	3.39
4	$0.0\sim0.2$	14221.95	19.57
5	$0.2\sim0.4$	33410.01	45.97
6	$0.4\sim0.6$	19646.87	27.04
7	>0.6	2621.52	3.61

由 T 检验可知,广西喀斯特地区植被生态质量与气温偏相关性显著与不显著相关区域分别占研究区面积的 35.57%、64.43%,显著相关以正相关为主,主要分布在桂东北的桂林市、柳州市、河池市的东部和西部,桂西北百色市北部(图 4.28,表 4.8)。

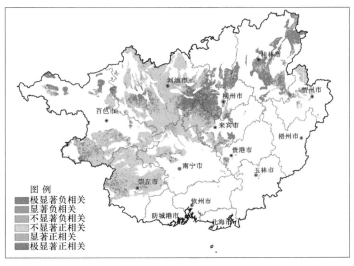

图 4.28　广西喀斯特地区植被生态质量与气温偏相关性显著分布

表 4.8　广西喀斯特地区植被生态质量与气温偏相关显著性面积及百分比

相关性	T 值	面积/km²	面积百分比/%
极显著负相关	$\leqslant -2.878$	11.26	0.02
显著负相关	$-2.878 \sim -2.101$	14.67	0.02
不显著负相关	$-2.101 \sim 0.000$	2737.39	3.77
不显著正相关	$0.000 \sim 2.101$	44082.10	60.66
显著正相关	$2.101 \sim 2.878$	9512.70	13.09
极显著正相关	>2.878	16305.55	22.44

注：极显著区正（负）相关为相关性达 0.01 显著水平；显著正（负）相关为相关性达 0.05 显著水平；不显著正（负）相关指相关性在 0.05 显著水平以下。

2. 植被生态质量与降雨量偏相关性分析

广西喀斯特地区植被生态质量年均值与降雨量的偏相关系数介于 $-0.6 \sim 0.9$，正、负相关的区域分别占研究区面积的 98.95%、1.05%，正相关区域面积较大，正相关较强区域主要集中在桂西北百色市南部和西北部，桂西的崇左市、南宁市北部，桂东北桂林市东南部、贺州市北部；而负相关区域面积较小，主要分布在桂西北百色市北部，河池市西部、桂东北柳州市北部（图 4.29，表 4.9）。整体而言，广西喀斯特地区 2000—2019 年植被生态质量与降雨量的偏相关系数的平均值为 0.38，植被生态质量与降雨量呈正相关特征明显。

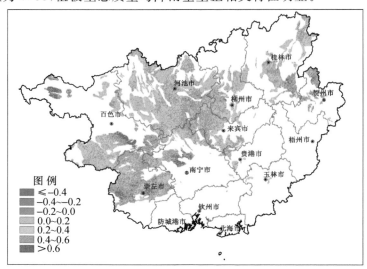

图 4.29　广西喀斯特地区植被生态质量与降雨量偏相关性空间分布

表 4.9　广西喀斯特地区植被生态质量与降雨量偏相关性面积及百分比

序号	相关系数	面积/km²	面积百分比/%
1	$\leqslant -0.4$	10.16	0.01
2	$-0.4 \sim -0.2$	66.35	0.09
3	$-0.2 \sim 0.0$	685.13	0.94
4	$0.0 \sim 0.2$	6017.57	8.28
5	$0.2 \sim 0.4$	33468.51	46.06
6	$0.4 \sim 0.6$	29655.78	40.81
7	>0.6	2759.02	3.81

由 T 检验可知,广西喀斯特地区植被生态质量与降雨量偏相关性显著与不显著相关区域分别占研究区面积的 52.42%、47.58%,显著相关以正相关为主,主要分布在百色市南部和西北部,崇左市大部、南宁市北部,河池市东南部,桂东北桂林市东南部和东北部、贺州市北部(图 4.30,表 4.10)。

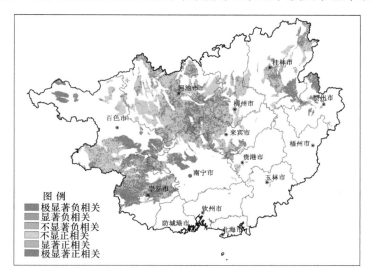

图 4.30　广西喀斯特地区植被生态质量与降雨量偏相关性显著分布

表 4.10　广西喀斯特地区植被生态质量与降雨量偏相关显著性面积及百分比

相关性	T 值	面积/km²	面积百分比/%
极显著负相关	≤−2.8787	4.53	0.01
显著负相关	−2.8787~−2.1010	10.14	0.01
不显著负相关	−2.1010~0.0000	746.96	1.03
不显著正相关	0.0000~2.1010	33823.31	46.54
显著正相关	2.1010~2.8787	15998.37	22.02
极显著正相关	>2.8787	22080.34	30.39

3. 植被生态质量与气温和降雨量复相关性分析

广西喀斯特地区植被生态质量与气候因子(气温、降水量)的复相关系数为 0.0~0.9。复相关性较强的区域主要集中在桂东北柳州市、桂林市、河池市东部,桂西北百色市西北部和南部,桂西崇左市西部;复相关性较弱的区域主要在河池市北部和南部,崇左市北部,百色市西南部有零星分布(图 4.31)。

由 F 检验可知,广西喀斯特地区植被生态质量与气温−降雨量复相关性显著与不显著相关区域分别占研究区面积的 42.06%、57.94%,显著性相关主要分布柳州市、桂林市、河池市东部,百色市西北部和南部,崇左市西部,南宁市西北部(图 4.32,表 4.11)。

表 4.11　广西喀斯特地区植被生态质量与气候复相关显著性面积及其百分比

相关性	F 值	面积/km²	面积百分比/%
不显著相关	0.000~3.592	42099.54	57.94
显著相关	3.592~6.112	22829.93	31.42
极显著相关	6.112~40.670	7734.17	10.64

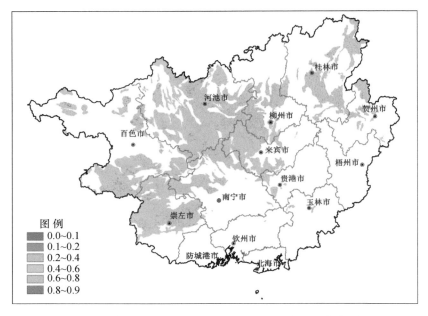

图 4.31　广西喀斯特地区植被生态质量与气温一降雨量复相关性空间分布

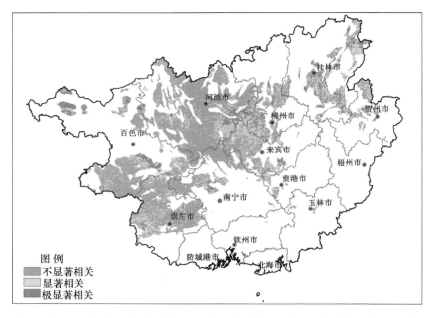

图 4.32　广西喀斯特地区植被生态质量与气候复相关显著性空间分布

○4.4.3　植被生态演变驱动因素影响区划

1. 植被生态演变驱动因素分区指标

气候变化特别是降水和温度的变化,对陆地植被的生长具有重要的影响(方精云 等, 2003;李月臣 等,2006)。参考国内外众多学者研究(高志强 等,2004;Mohamed,2004;刘会军 等,2009),依据生态演变驱动分区原则(陈云浩 等,2001),利用植被生态质量与气候因子的相关显著性,构建广西喀斯特地区植被生态质量变化驱动因素分区指标(表 4.12)。

表 4.12　植被生态质量变化驱动因素分区指标

植被生态质量变化驱动因素		分区指标		
		R_1	R_2	R_3
气候因子	$[T+P]^+$	$\lvert t \rvert > t_{a=0.01}$	$\lvert t \rvert > t_{a=0.01}$	$F > F_{a=0.05}$
	T	$\lvert t \rvert > t_{a=0.01}$		$F > F_{a=0.05}$
	P		$\lvert t \rvert > t_{a=0.01}$	$F > F_{a=0.05}$
	$[T+P]^-$	$\lvert t \rvert \leqslant t_{a=0.01}$	$\lvert t \rvert \leqslant t_{a=0.01}$	$F > F_{a=0.05}$
非气候因子	NC			$F \leqslant F_{a=0.05}$

注：R_1 为植被生态质量与气温偏相关显著性的 T 检验；R_2 为植被生态质量与降水偏相关显著性的 T 检验；R_3 为植被生态质量与气温、降水复相关的显著性 F 检验；$[T+P]^+$ 为气温、降水强驱动；T 为气温（主驱动）；P 为降水（主驱动）；$[T+P]^-$ 为气温降水弱驱动；NC 为非气候驱动。

2. 植被生态演变驱动因素分区

可以看出（图 4.33，表 4.12）：2000—2019 年广西喀斯特地区植被生态演变驱动因素主要分为气候驱动与非气候驱动，其中，广西喀斯特地区植被生态质量变化受气温、降水强驱动的区域占研究区面积的 7.24%，主要集中在河池市宜州区，柳州市柳江区、柳城县，桂林市恭城县、平乐县、全州县，百色市隆林县，来宾市武宣县；以气温为主要驱动因素的区域占研究区面积的 14.12%，主要分布在河池市宜州区，柳州市柳江区、融水县，桂林市全州县、兴安县、灵川县、阳朔县、荔浦市，百色市乐业县；以降雨为主要驱动因素的区域占研究区面积的 15.93%，主要集中在百色市隆林县、田东县、田阳县、平果县，崇左市龙州县，南宁市武鸣区，贺州市富川县，桂林市平乐县、恭城县；以气温、降雨为弱驱动因素的区域面积占研究区面积的 4.77%，零散分布在柳州市融安县、来宾市兴宾区；剩余的大部分地区属于非气候因素驱动的区域，可能受人类活动和自然灾害等影响。整体上，广西喀斯特地区植被生态演变有 42.06% 的区域受气候因素影响，57.94% 区域受非气候因素的影响。

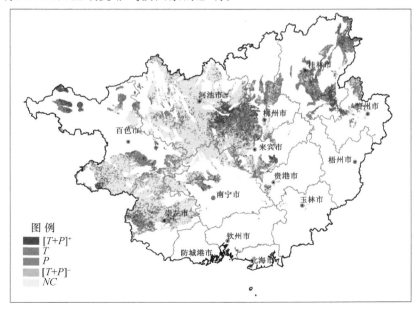

图 4.33　广西喀斯特地区植被生态演变驱动力分区

4.5　本章小结

广西喀斯特地区地形海拔、坡度、坡向,土壤类型、土壤质地,气候等因子均对植被生态演变产生较大影响作用。

(1)地形对植被生态演变的影响

对于海拔而言,在 0～200 m,植被生态质量指数随着海拔增加上升速度最快;200～400 m,随着海拔增加呈现缓慢上升趋势;400～800 m,随着海拔增加呈现略降低趋势;800～1600 m,随着海拔增加几乎保持不变的趋势;1600～1900 m,随着海拔的增加出现较强的波动上升下降趋势。对于坡度而言,在 0°～15°,植被生态质量指数随着坡度的增加呈明显上升趋势;在 15°～25°,随着坡度增加的上升开始呈现缓慢趋势;在 25°～35°,随着坡度的增加呈现几乎保持不变的趋势;在 35°～55°,随着坡度的增加呈现略下降趋势;在 55°～80°,随着坡度的上升出现波动趋势。对于坡向而言,在 0°～22.5°(北),植被生态质量指数较低,其余坡向植被生态质量指数基本无明显变化。总之,广西喀斯特地区在洼地或谷地至丘陵或低山环境下,植被类型由农田植被演变为灌草(详见 3.2.4),植被生态质量指数上升趋势明显;在丘陵或低山至中山环境下,植被类型由灌草或森林演变单一灌草,植被生态质量指数呈现略下降趋势;在中山至高山环境下,植被类型主要为灌草,植被生态质量指数几乎保持不变;但在高寒山区,由于环境复杂,植被质量呈现不稳定的波动趋势。

(2)土壤对植被生态演变的影响

广西喀斯特地区各土壤类型的植被生态质量指数高低为:石灰土＞黏土＞红黄壤、紫色土＞潮土＞水稻土;植被生态质量指数随土壤含沙量的增加大致呈现下降趋势:黏土(重)＞黏土(轻)＞粉砂壤土＞砂质黏壤土＞壤质砂土。

(3)气候对植被生态演变的影响

广西喀斯特地区植被生态质量指数月际变化与各气候因子均存在显著相关关系,其中,与气温的相关性最高,尤其是与前 0～1 个月累积气温和当月平均气温的相关系数较高,说明气温对植被生态质量的影响不存在滞后效应,但存在一定的累积效应,且累积期为 1 个月左右;与降水量相关性次之,尤其是与前 0～2 累积降水量和前 1 个月的降水量相关系数较高,说明降水量对植被生态质量的影响存在累积效应和滞后效应,累积期为 2 个月左右,滞后期为 1 个月左右;与日照时数的相关性其次,主要是与当前月日照时数、0～1 个月的累积日照时数相关性较高,说明日照时数对植被生态质量的影响均不存在滞后效应,但存在累积效应,累积期为 2 个月左右;与相对湿度的相关性较低,但与 1～2 个月、前 2 个月的平均相对湿度相关性较高,说明相对湿度对植被生态质量的影响存在累积效应和滞后效应,累积期和滞后期均为 2 个月左右。在年际变化上,广西喀斯特地区年均植被生态质量只与降雨呈显著正相关关系,与气温、日照时数、相对湿度的相关性绝对值均较小,且均未通过显性检验,说明广西喀斯特地区年均植被生态质量在年际变化上只对降水量响应强烈,其余气候因子响应一般;但月均植被生态质量对冬季和夏季的气温、日照较敏感,相关性较高,对夏季和秋季的降水、相对湿度较敏感,相关性较高。

(4)植被生态演变驱动因素影响区划

广西喀斯特地区逐像元植被生态质量与气温、降水量呈正相关特征明显,植被生态演变驱动因素主要划分为气温降水强驱动、气温为主驱动、降水为主驱动、气温降水弱驱动、非气候驱动。整体上,广西喀斯特地区植被生态演变有 42.06% 的区域受气候驱动因素影响,57.94% 区域受非气候驱动因素的影响(人类活动和自然灾害等)。其中,受气候驱动因素影响的区域,以降水为主驱动因素影响的区域面积最大,占 15.93％;以气温为主驱动因素影响的区域面积次之,占 14.12％;以气温降水强驱动因素影响的区域面积较小,占 7.24％;以气温降水为弱驱动影响因素的区域面积最小,占 4.77％。

参考文献

曹磊,2014. 江苏省植被 NDVI 动态变化及其与气候因子的关系 [D]. 南京: 南京农业大学.

陈云浩,李晓兵,史培军,2001. 1983—1992 年中国陆地 NDVI 变化的气候因子驱动分析 [J]. 植物生态学报,25 (6): 716-720.

方精云,朴世龙,贺金生,等,2003. 近 20 年来中国植被活动在增强 [J]. 中国科学(C 辑),33 (6): 554-565.

高志强,刘纪远,曹明奎,等,2004. 土地利用和气候变化对区域净初级生产力的影响 [J]. 地理学报,59 (4): 581-591.

李月臣,宫鹏,刘春霞,等,2006. 北方 13 省 1982—1999 年植被变化及其与气候因子的关系 [J]. 资源科学,28 (2): 109-117.

刘军会,高吉喜,2009. 气候和土地利用变化对北方农牧交错带植被 NPP 变化的影响 [J]. 资源科学,31 (3): 493-500.

穆少杰,李建龙,陈奕兆,等,2012. 2001—2010 年内蒙古植被覆盖度时空变化特征 [J]. 地理学报,67 (9): 1255-1268.

Mohamed M A A, Babiker I S, Chen Z M, Ikeda K, et al, 2004. The role of climate variability in the interannual variation of terrestrial netprimary production (NPP) [J]. Science of the Total Environment, 332(1/3): 123-137.

第 5 章　植被生态恢复潜力评价与预测

基于植被生态恢复相似生境原则,考虑植被生态演变驱动因素影响,采用 GIS 技术和地统计方法,划分广西喀斯特地区生态恢复潜力分区,建立广西喀斯特地区生态恢复潜力评价方法,计算植被生态恢复潜力指数,评价与预测广西喀斯特地区生态恢复潜力等级,提出生态恢复治理建议。

5.1　评价技术方法

○5.1.1　相似生境原则

植被恢复潜力评价是制定生境胁迫立地生态恢复政策与实施方案的前提,面对一个退化生态系统,首先考虑的是确定其重新恢复到某种目标生态系统的能力,即评价恢复潜力大小(陈英义 等,2008;唐樱殷 等,2012)。根据"植被生境越相似的区域,植被生态恢复越接近"的原则,运用参考系统的信息来定义恢复目标,通过度量退化群落与参考群落之间的"距离"以确定其恢复潜力;恢复潜力评价也需要有明确的恢复目标、清晰和定量化的评价指标和标准,以及科学合理的评价方法(Brewer et al,2009;Jiang et al,2012;Laughlin,2014)。

○5.1.2　植被生态恢复潜力评价方法

根据植被生态恢复"相似生境"原则,在局地地貌、气候等生境相似区,植被最终恢复形成的景观具有相似性,这种方法称为"相似生境法"。基于该方法,考虑植被生态演变驱动因素影响,划分植被生态恢复相似生境与驱动区,计算植被生态恢复潜力值及生态恢复潜力指数,具体步骤如下。

1. 划分植被生态恢复相似生境与驱动区

考虑植被生长环境及其驱动因素,选择植被生态恢复主控因素,构建植被生态恢复潜力相似生境与驱动指标体系,利用 GIS 空间叠加分析法,划分植被生态恢复相似生境与驱动区。

2. 确定植被生态恢复潜力值

基于植被生长相似生境与驱动区,在每个分区内统计该分区多年植被生态质量的平均值、90%百分位数值、95%百分位数值和最大值。根据"相似生境"原则,在相似的生境条件下,应该有基本相同的植被生态质量,确定植被生态恢复潜力值。例如,某时段某个区的植被生态质量指数的最大值为 95,则有理由认为,这一地区的植被恢复潜力就是 95,即该区内其他地方植被生态质量指数小于 95 的地区,植被生态质量都有潜力恢复到 95。

○5.1.3　植被生态恢复潜力预测方法

根据现状植被生态质量指数和植被生态恢复潜力值,构建研究区植被生态恢复潜力预测模型,公式如下:

$$Q_{pri} = \frac{Q_{max} - Q_i}{Q_{max}} \qquad (5.1)$$

式中:Q_{pri} 为第 i 年区域植被生态恢复潜力预测指数,Q_{max} 为区域植被生态恢复潜力值,Q_i 为现状第 i 年植被生态质量指数。植被恢复潜力指数越接近于 1 表明某时间植被生态质量较低,未来植被生态恢复空间越大,而指数越接近于 0 则表明区域植被生态恢复已接近植被生态恢复上限。

基于植被生态恢复潜力预测指数大小,利用自然断点法,并结合研究区实际,划分植被生态恢复潜力等级,构建广西喀斯特地区植被生态恢复潜力等级评价指标(表 5.1)。

表 5.1　广西喀斯特地区植被生态恢复潜力等级评价指标

恢复潜力等级	低	较低	中等	较高	高
恢复潜力指数范围	$Q_{pri}\leqslant0.10$	$0.10<Q_{pr}\leqslant0.20$	$0.20<Q_{pr}\leqslant0.30$	$0.30<Q_{pr}\leqslant0.50$	$0.50<Q_{pr}\leqslant1.00$

植被生态恢复潜力指数越接近 1 表明现状植被生态质量较低,植被生态恢复潜力高,未来植被生态质量提升空间越大,而指数越接近 0 则表明区域植被生态质量已接近植被最大生态质量潜力,植被生态恢复潜力低,未来植被生态质量提升空间越小。

5.2　植被生态恢复潜力评价

○ 5.2.1　植被相似生境与驱动分区

基于广西喀斯特地区植被生态演变影响因素及其驱动力分区(第 4 章),构建广西喀斯特地区植被生态恢复潜力相似生境与驱动指标体系(表 5.2)。

表 5.2　广西喀斯特地区植被生态恢复潜力相似生境与驱动指标体系

因素	指标	分区阈值					
地形条件	海拔	≤200 m	200~400 m	400~800 m	>800 m		
	坡度	≤15°	15°~25°	25°~35°	>35°		
土壤条件	土壤质地	黏土(重)	黏土(轻)	壤土	粉砂壤土	砂质黏壤土	壤质砂土
植被分布	植被类型	森林	灌草	农田植被	—	—	—
驱动因素	气候、非气候	气温降水强驱动区	气温为主驱动区	降水为主驱动区	气温降水弱驱动区	非气候	

1. 地形条件

由地形条件分析可知:广西喀斯特地区海拔、坡度地形条件对植被生态演变的影响较大,其中,海拔在 200 m、400 m、800 m 高度上植被生态质量指数响应存在明显差异;坡度在 15°、25°、35° 植被生态质量指数响应存在明显差异。因此,将海拔、坡度地形条件分别为四个区域,其中,海拔:≤200 m、200~400 m、400~800 m、>800 m;坡度:≤15°、15°~25°、25°~35°、>35°(图 5.1)。

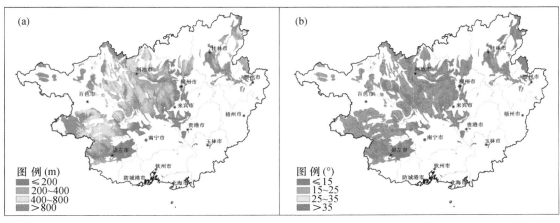

图 5.1　广西喀斯特地区地形分区(a. 海拔;b. 坡度)

2. 土壤条件

由土壤条件分析可知:广西喀斯特地区植被生态质量指数随土壤含沙量的增加响应较明显。因此,将土壤条件分为 6 个区域:黏土(重)、黏土(轻)、壤土、粉砂壤土、砂质黏壤土、壤质砂土(图 4.9)。

3. 植被分布

由不同植被类型的生态质量分析可知(第 3 章):广西喀斯特地区不同植被类型植被生态质量明显差异:森林＞灌草＞农田。因此,基于 2019 年植被类型数据,将植被分布分为三个区域:森林、灌草、农田(图 3.10)。

4. 驱动因素

由植被生态演变驱动因素分区可知(第 4 章):广西喀斯特地区植被生态质量主要受气候和非气候驱动因素影响,其中,气候驱动区分为气温降雨强驱动区、气温为主驱动区、降水为主驱动区、气温降水弱驱动区、非气候驱动区(人类活动、自然灾害)(图 4.32)。

5. 叠加分区

利用 GIS 空间叠加分析法,将地形条件、土壤条件、植被分布、驱动因素划分为 1440 个植被生态恢复相似生境与驱动区域。

○ 5.2.2　植被生态恢复潜力评价

基于广西喀斯特地区植被生态恢复相似生境与驱动区域,在每个分区内统计该分区 2000—2019 年植被生态质量的平均值、90％百分位数值、95％百分位数值和最大值,分析广西喀斯特地区植被生态恢复潜力(表 5.3、图 5.2)。

表 5.3　广西喀斯特地区植被生态恢复潜力变化值

植被生态质量指数	平均值		90％分位数值		95％分位数值		最大值	
	面积/km²	百分比/％	面积/km²	百分比/％	面积/km²	百分比/％	面积/km²	百分比/％
≤65	0.00	0.00	0.00	0.00	0.00	0.00	0.00	0.00
65～70	1951.06	2.88	0.00	0.00	0.00	0.00	0.00	0.00
70～75	16912.97	25.00	14.32	0.02	13.04	0.02	4.91	0.01
75～80	45173.99	66.77	2969.47	4.39	6.84	0.01	11.03	0.02
80～85	3618.09	5.35	33878.22	50.07	13949.56	20.62	27.57	0.04
85～90	1.98	0.00	30154.04	44.57	49566.82	73.26	364.87	0.54
90～95	0.00	0.00	643.28	0.95	4122.78	6.09	3972.42	5.87
＞95	0.00	0.00	0.00	0.00	0.28	0.00	63278.53	93.52

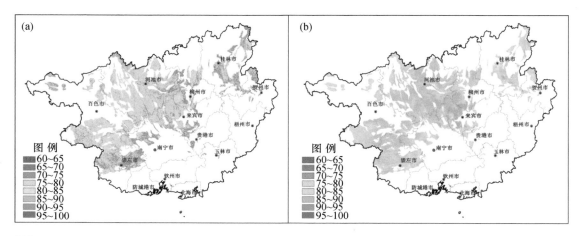

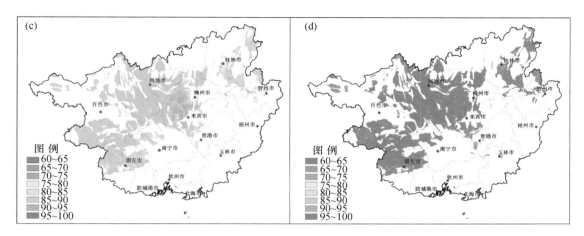

图 5.2　广西喀斯特地区植被生态恢复潜力值空间分布
(a. 平均值;b. 90% 分位数值;c. 95% 分位数值;d. 最大值)

　　由图 5.2、表 5.3 可以看出:在均值条件下,广西喀斯特地区植被生态质量指数为 70～90,其中,66.77% 区域面积集中在 75～80,主要分布在桂北的河池市、桂西北的百色市;而植被生态质量指数低于 75 的区域主要分布在桂东北桂林市、柳州市中部,桂中来宾市南部,桂西崇左市东部,约占整个区域面积的 27.88%;对比而言,在 90% 和 95% 百分位条件下的植被生态质量空间差异较小,约 94.00% 的区域面积的植被生态质量指数集中在 80～90;而在最大值条件下的植被生态质量空间差异最小,93.53% 区域面积的植被生态质量指数集中 95～100。为了避免评估结果的误差,选取 95% 百分位数的植被生态质量指数作为研究区某一立地条件下的植被生态恢复潜力值。

　　因此,可以确定广西喀斯特地区植被生态恢复潜力值为 70.0～95.0,平均植被生态恢复潜力值为 86.7,有 95.59% 区域面积植被生态恢复潜力值大于 80.0,植被生态恢复潜力值较高。其中森林生态恢复潜力值最高,为 87.5,灌草生态恢复潜力值次之,为 87.4,农田植被生态恢复潜力值最低,为 85.4。

5.3　植被生态恢复潜力预测

　　利用 2020 年广西喀斯特地区植被生态质量指数和植被生态恢复潜力预测模型进行植被生态恢复潜力预测,分析广西喀斯特地区未来植被生态恢复空间分布特征。

○ 5.3.1　基于地市的植被生态恢复潜力空间分布

　　由图 5.3,表 5.4 可知:从植被生态恢复潜力等级看,未来广西喀斯特地区植被生态恢复潜力主要以较低、中等潜力为主,占喀斯特地区总面积的 78.83%,其中,中等潜力区面积比例最大,为 50.60%,较低潜力区面积的比例为 28.23%,高潜力区面积比例最小,为 0.58%;从空间分布格局看,广西喀斯特地区植被生态恢复潜力低、较低潜力区主要分布在河池市北部、东南部、百色市西北部、崇左市西部,分别占喀斯特地区总面积的 11.24%、6.41%、4.52%,该地区植被生态质量良好,植被生态恢复很好,已接近植被生态潜力上限,基本上无恢复空间;植被生态恢复中等潜力区主要分布在河池市南部、百色市南部、崇左市北部,分别占喀斯特地区总面积的 17.23%、9.21%、6.15%,该地区植被生态已恢复较好,部分局域尚有一定的恢复空间;植被生态恢复潜力较高、高潜力区主要分布在崇左市东部、桂林市东北部、贵港市西北部、贺州市北部,分别占喀斯特地区总面积的 4.62%、4.03%、2.16%、1.95%,该地区植被生态质量正常,仍有较大的提升空间,有较高的恢复潜力(图 5.3、表 5.4)。

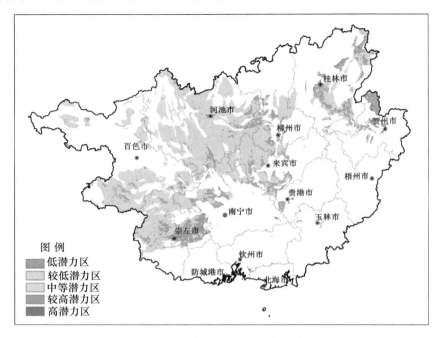

图 5.3   广西喀斯特地区植被生态恢复潜力预测

表 5.4   广西喀斯特地区植被生态恢复等级面积及比例统计

地级市	低潜力区		较低潜力区		中等潜力区		较高潜力区		高潜力区	
	面积/km²	比例/%	面积/km²	比例/%	面积/km²	比例/%	面积/km²	比例/%	面积/km²	比例/%
桂林市	2.02	0.00	537.11	0.79	3653.24	5.40	2651.25	3.92	75.50	0.11
河池市	100.99	0.15	7503.48	11.09	11654.40	17.23	1333.81	1.97	12.71	0.02
贺州市	7.49	0.01	1346.87	1.99	2353.98	3.48	1270.97	1.88	49.13	0.07
柳州市	0.00	0.00	18.72	0.03	335.69	0.50	1207.08	1.78	80.05	0.12
百色市	219.99	0.33	4119.93	6.09	6231.84	9.21	875.37	1.29	14.86	0.02
来宾市	14.64	0.02	1519.77	2.25	2774.71	4.10	1192.22	1.76	3.96	0.01
贵港市	9.27	0.01	1075.40	1.59	2854.20	4.22	1430.10	2.11	31.91	0.05
南宁市	0.07	0.00	10.67	0.02	166.01	0.25	433.76	0.64	18.71	0.03
崇左市	96.63	0.14	2960.16	4.38	4163.85	6.15	3021.74	4.47	101.21	0.15
玉林市	0.00	0.00	5.05	0.01	43.51	0.06	68.31	0.10	0.43	0.00
钦州市	0.00	0.00	0.00	0.00	0.00	0.00	0.93	0.00	2.42	0.00
总计	451.10	0.67	19097.16	28.23	34231.43	50.60	13485.55	19.92	390.89	0.58

○5.3.2   基于相似生境与驱动的植被生态恢复潜力空间分布

从表 5.5 可知:从植被类型看,未来广西喀斯特地区农田植被生态恢复潜力较大,平均潜力指数为 0.29,占区域面积 27.54%,为中高恢复潜力,森林、灌草植被生态质量较高,恢复潜力较低。从地形看,植被生态恢复潜力随海拔高度和坡度的增加呈降低趋势,较低海拔(<200 m)、较低坡度(<15°)的平原地区以中高恢复潜力为主,分别占区域面积的 21.76%、44.42%;而较高

海拔（400～800 m）、较低坡度（<15°）的丘陵和山地地区以中低等恢复潜力为主，分别占区域面积的 30.22％、40.00％。从土壤质地类型看，黏土、壤土的植被生态恢复潜力较高，还有较大的提升空间，砂土的植被恢复潜力较低。从驱动因素看，气候驱动潜力较非气候驱动潜力稍大些，其中以气温降水强驱动和降水为主驱动潜力较高；非气候驱动区有 47.87％区域面积以中低恢复潜力为主，说明该区域在人工植被建设影响下，植被生态质量已恢复较好。

表 5.5　广西喀斯特地区植被生态恢复等级各生境类型面积比例统计（单位：％）

生境类型	分级	低潜力区	较低潜力区	中等潜力区	较高潜力区	高潜力区	平均潜力指数
植被类型	森林	0.35	15.03	22.01	4.14	0.08	0.22
	灌草	0.20	9.18	15.57	1.53	0.01	0.22
	农田	0.11	4.24	13.18	13.92	0.44	0.29
海拔/m	≤200	0.03	1.41	8.59	12.72	0.46	0.32
	200～400	0.15	8.40	17.72	4.90	0.06	0.24
	400～800	0.15	13.02	17.05	1.25	0.01	0.21
	>800	0.34	5.61	7.40	0.72	0.00	0.21
坡度/°	≤15	0.24	12.51	27.26	16.66	0.50	0.27
	15～25	0.21	8.55	13.48	1.99	0.02	0.22
	25～35	0.14	5.24	7.61	0.78	0.00	0.22
	>35	0.08	2.14	2.42	0.16	0.00	0.20
土壤质地	黏土（重）	0.22	4.72	3.30	0.23	0.01	0.19
	黏土（轻）	0.18	17.47	36.80	12.76	0.35	0.25
	壤土	0.03	0.95	3.05	3.06	0.10	0.29
	粉砂壤土	0.11	4.01	5.45	2.13	0.02	0.24
	砂质黏壤土	0.11	1.29	2.15	1.41	0.04	0.26
	壤质砂土	0.01	0.01	0.01	0.00	0.00	0.15
驱动力	气温降水强驱动区	0.19	1.98	3.11	1.85	0.05	0.25
	气温为主驱动区	0.09	4.55	6.66	2.70	0.03	0.24
	降水为主驱动区	0.16	4.33	7.25	4.11	0.11	0.25
	气温降水弱驱动区	0.04	1.32	2.33	0.98	0.01	0.24
	非气候驱动区	0.18	16.27	31.42	9.95	0.32	0.24

5.4　植被生态恢复治理建议

广西喀斯特地区植被生态恢复防治建议主要包括农业、林业两个方面。根据喀斯特地区的气候特征、地形条件、土壤条件、植被生态质量状况等特点，建议对不同植被生态恢复潜力区实施人工造林、封山育林、水土保持、沃土工程、耕地整理、森林生态效益补偿、退耕还林、流域防护林等不同工程治理措施。

○ 5.4.1　低等植被生态恢复潜力区

广西喀斯特地区植被生态恢复潜力低、较低潜力区的植被生态质量好，主要分布在高海拔的山地丘陵地区，该区域的植被类型主要为森林和灌草。但是由于该区域坡度较大，地形复杂，存在较多岩林混交的陡坡，属于生态受破坏程度较轻的原生区。在该区域内建议采用封山育林、育草的方法进行生态自然恢复模式，以此达到植被自然恢复提升，物种多样性逐步丰富增加，使之实现自然生态平衡。

○**5.4.2 中等植被生态恢复潜力区**

广西喀斯特地区植被生态恢复中等潜力区的植被生态质量较好,但尚有一定的恢复空间,主要分布在中低海拔丘陵平原地区,该区域的土壤类型主要为轻黏土、植被类型主要为森林、灌草、农田。可见,该区域属于星落型村庄较多的村林农交错斜坡山区,受非气候驱动因素(人为活动、自然灾害)的破坏程度较为严重,主要表现为乱砍滥发、毁林开荒造成的森林覆盖率大幅降低,水土流失严重,自然生态功能脆弱、环境状况有所恶化。为此,该区域内建议按照国家退耕还林(草)有关政策方针,坡度在 25°以上的坡耕地一律严格退耕还林;有一定的灌溉条件的陡坡地块,可就顺坡面种植适地适树的经济林果,没有灌溉条件而要考虑种植发展适地适树且耐旱性较强的经济林果,提高土地利用效率,加强对土地的监管力度。建议运用现代信息技术改进农情监测网络,建立健全农业灾害监测预警与防御体系。同时进一步优化农业环境、气象观测站网布局,加强农业气象服务集约化业务系统平台建设,进一步提高农业气象灾害监测预警和农业气象服务能力。构建农业防灾减灾技术体系,推广普及绿色防控与灾后恢复生产技术,增加农业生态质量。

○**5.4.3 高等植被生态恢复潜力区**

广西喀斯特地区植被生态恢复高等潜力区的植被生态质量较差,主要分布在低海拔的平原地区,该区域的植被类型主要为农田植被。建议通过培肥沃土工程,改变局部地面形态和土壤结构,培肥土壤,提高耕地质量;通过实施排灌沟渠、排涝渠、拦沙坝、拦山沟、农田防护堤、河堤整治、灌溉管网建设等工程,保护农田,改善农田灌溉条件,为农业生产创造良好条件,保证粮食增产增收。

5.5 本章小结

广西喀斯特地区植被生态恢复潜力值较高,2000 年以来广西喀斯特地区植被生态得到了很好的恢复。

(1)植被生态恢复潜力评价

广西喀斯特地区植被生态恢复潜力均值为 86.7,总体植被生态恢复潜力值较高,其中森林生态恢复潜力值最高,灌草生态恢复潜力值次之,农田植被生态恢复潜力值最低。

(2)植被生态恢复潜力预测

从空间分布看,未来广西喀斯特地区植被主要以较低、中等生态恢复潜力为主,主要分布在河池市北部、南部和东南部、百色市西北部和南部、崇左市北部和西部,该地区植被生态质量良好,植被生态恢复较好,已接近植被生态恢复潜力值上限,尚有一定的恢复空间或基本上无恢复空间。从植被类型看,未来广西喀斯特地区农田植被生态恢复潜力较大,森林、灌草恢复潜力较低。从地形看,植被生态恢复潜力随海拔高度和坡度的增加呈降低趋势,平原地区以中高恢复潜力为主;丘陵和山地地区以中低等恢复潜力为主。从土壤质地类型看,黏土、壤土的植被生态恢复潜力较高,还有较大的提升空间,砂土的植被恢复潜力较低。从驱动因素看,气候驱动潜力较非气候驱动潜力稍大些,其中以气温降水强驱动和降水为主驱动潜力较高;非气候驱动区以中低恢复潜力为主,说明该区域在人工植被建设影响下,植被生态质量已恢复较好。

(3)植被生态恢复治理建议

针对不同植被生态恢复潜力区采用不同的植被生态恢复治理措施,要充分考虑气候变化因素和喀斯特地区地理、气候条件；保护原始森林，积极培育和扩大森林面积，增加喀斯特地区植被面积、覆盖度；培肥沃土工程，培肥土壤，提高耕地质量；建设配置合理、结构稳定、功能完善的植被生态系统，提升防护林质量，遏制水土流失和石漠化等生态气象灾害；增加喀斯特地区水源涵养、固碳释氧量等生态服务功能，提升气候变化对植被生态质量的影响；同时，发展林下经济、经果林、生态旅游等生态经济产业，培育新的经济增长点，实现区域的可持续发展。

参考文献

陈英义，李道亮，2008. 北方农牧交错带沙尘源植被恢复潜力评价模型研究 [J]. 农业工程学报，24 (3)：130-134.

唐樱殷，谢永贵，余刚国，等，2012. 黔西北喀斯特退化植被恢复潜力评价 [J]. 山地学报，30 (5)：528-534.

Brewer J S, Menzel T, 2009. A method for evaluating outcomes of restoration when no references sites exist [J]. Restoration Ecology, 17(1)：4-11.

Jiang J, Gao D Z, DeAngelis D L, 2012. Towards a theory of ecotone resilience：Coastal vegetation on a salinity gradient [J]. Theoretical Population Biology,82(1):29-37.

Laughlin D C, 2014. Applying trait-based models to achieve functional targets for theory-driven ecological restoration [J]. Ecology Letters, 17(7)：771-784.

第6章 植被生态质量监测评估系统研发

基于 GIS 二次开发技术,以植被生态质量监测评估算法模型为核心、高分卫星遥感数据和气象站观测数据为数据源,研发广西喀斯特地区植被生态质量动态监测评估系统,实现针对广西喀斯特地区典型生态保护核心区的植被生态质量气象监测评估。

6.1 系统设计与开发

○6.1.1 系统总体设计目标

系统设计目标是以 GIS 技术为基础、以植被生态质量动态监测评估算法模型为核心,利用高分卫星遥感数据和气象站观测数据为数据源,兼顾易用性、通用性和可拓展性,设计开发针对广西喀斯特地区植被生态质量动态监测评估系统。通过系统的建设运行,提高植被生态监测评估的工作效率。

○6.1.2 系统开发环境与语言

系统开发以 . NET 3.5 为基础,Visual Studio 2010 作为开发工具,ArcGIS Engine 10.2 为 GIS 二次开发组件,SQL SERVER 2008 R2 为数据库管理工具,采用 C♯编程语言,开发构建桌面应用程序。

○6.1.3 系统总体架构设计

系统利用 ArcEngine 与 Winform 技术,基于 C/S 模式,采用三层结构构建,具体包括:数据层、逻辑层、应用层,如图 6.1 所示。

1. 数据层

本地数据库以 SQLServer 2008 管理气象信息数据和地理空间数据。其中,气象信息数据以 REST 服务方式从 CIMISS 的 MUSIC 数据接口请求数据,经数据处理后存储入库;地理空间数据通过 ArcSDE10.2 空间数据引擎实现生态遥感信息数据的高效存储和管理。

2. 逻辑层

借助 EntityFramework 框架构建关系对象模型,实现对气象数据的管理调用。通过 ArcSDE API 接口处理地理空间数据,负责连接系统模型与业务逻辑的实现,如空间数据的存取、表现和操作等。

3. 应用层

基于业务逻辑层对空间数据库核心业务的支持,利用 ArcEngine 控件与 Winform 技术实现具体功能,包括:GIS 基本功能、数据处理、控件分析、监测评估和制图输出等。

○6.1.4 系统功能模块设计

广西喀斯特地区植被生态质量动态监测系统功能主要有:数据库管理、GIS 基本功能模块、植被生态质量监测评价模块、地图制作模块。系统功能结构如图 6.2 所示。

1. 数据库管理模块

数据库管理模块实现对气象信息数据和地理空间数据的管理功能。对于气象信息数据,从 CIMISS(全国综合气象信息共享平台)获取广西全区气象站点月气温、降水量等气象数据

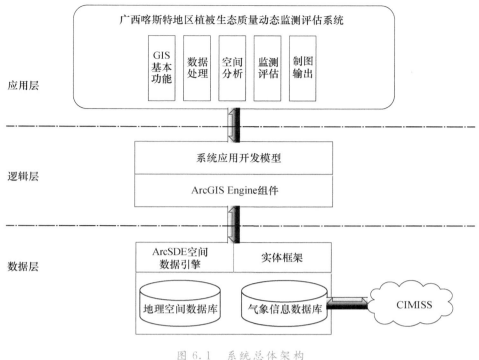

图 6.1 系统总体架构

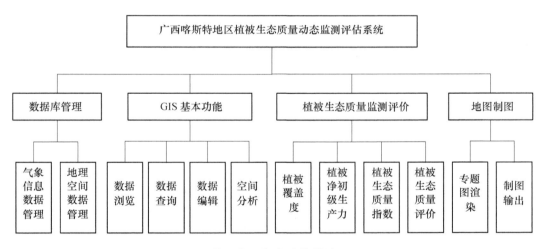

图 6.2 系统功能模块

存储至本地数据库,结合气象站点地理信息,生成气象站点矢量数据;对于地理空间数据,实现对基础地理信息、遥感数据的数据导入与导出、图层管理功能。

2. GIS 基本功能模块

GIS 基本功能主要包括:数据浏览(缩放、漫游、全图、鹰眼视图、空间定位、查询、刷新、区域选择、图层控制和地图量算)、数据查询(数据标注显示、数据属性检索查询)、数据编辑(图层增删、移动;矢量要素编辑、重采样)、空间分析(空间查询与量算、缓冲区分析、叠加分析、合并分析、空间插值、栅格统计、分类及重分类)功能;同时能够实现数据导入导出要求,可以完成ArcGIS、SuperMap 及自定义明码格式等的地图数据的导入与导出。

3. 植被生态质量监测评估模块

利用 NDVI 数据,采用像元线性分解法计算植被覆盖度;利用气温、降水、NDVI 数据,计算植被净初级生产力(月、季度、年度);利用植被覆盖度、植被净初级生力计算植被生态质量指数;基于植被生态质量指数实现植被生态质量评价。

4. 地图制图模块

利用气象数据、植被覆盖度、植被净初级生产力、植被生态质量等数据,制作气象条件专题图、植被覆盖度专题图、植被净初级生产力专题图、植被生态质量监测评估专题图,并实现打印输出。

6.2 数据库设计与建立

○6.2.1 数据库内容

广西喀斯特地区植被生态质量动态监测评估系统数据库内容主要有栅格数据、矢量数据和属性数据等不同类型数据。

1. 栅格数据

栅格数据包括遥感图像数据、地形数据、植被覆盖度、植被净初级生产力、植被生态质量等生态产品数据、气象要素栅格数据。

2. 矢量数据

矢量数据包括 1∶25 万广西行政区边界、喀斯特地区边界、居民点、交通道路、水系等各类要素的基础信息数据,其中行政区边界分为省界、地市界、县界,居民点包括到乡镇级;气温、降水等气象要素矢量数据;土壤类型、土壤质地等土壤数据;森林、灌草、农田植被类型矢量数据。

3. 属性数据

属性数据包括气象站信息数据;气温、降水等气象要素数据。

○6.2.2 数据库组织结构

数据库主要分为矢量、栅格空间数据库和气象信息数据库。系统采用 SQL SERVER 2008 对数据库进行管理,地理空间数据通过 ArcSDE 数据引擎通道以矢量集、栅格集的形式存储,气象信息数据库的气象观测数据以关系表的方式存储。

1. 空间数据库组织结构

根据 GIS 空间数据结构和 Geodatabase 模型,空间数据库的逻辑层次结构划为四级(图 6.3)。地理空间数据库采用矢量集和栅格集形式存储不同的数据,矢量集分为气象、土壤、植被、基础地理要素集,其中基础地理要素集分为行政边界、喀斯特地区边界、河流水系、居民点等要素;气象要素集包括实时气象站点信息、月总降水和月平均温度要素;栅格集包含:输入数据(遥感图像、NDVI 和覆盖度)、中间变量(温度、降水、月 NPP 和月覆盖度)、统计数据(NPP 总量和 NPP_m 总量)和输出产品(生态质量)。

2. 气象信息数据库组织结构

气象观测数据可以从 CIMISS 平台以 REST 接口调用的方式获取,但考虑到查询统计效率,以 SQL SERVER 2008 R2 搭建本地气象信息数据库。气象数据库中主要包含有:站点信息表、月气象数据表,用于联表查询生成月气象数据地理空间矢量散点文件。

(1)气象站点信息表

以站号为主键,存储站名、经纬度、海拔、行政区划代码、所属区县和所属地市、是否属于喀斯特地区等相关信息(表 6.1)。

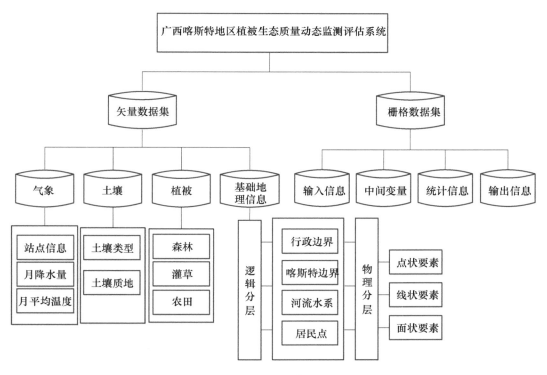

图 6.3 空间数据库组织结构

表 6.1 站点信息表（T_StationInfo）

字段名称	字段代码	字段类型	说明
站号	stationnum	nvchar(5)	主键,非空
站名	stationname	nvchar(20)	
全站名	allname	nvchar(40)	
经度	lon	float	
纬度	lat	float	
行政区划代码	adminicode	nvchar(6)	
区县	cnty	nvchar(10)	
地市	city	nvchar(10)	
海拔高度	altitude	float	
喀斯特站点	kst	bool	

（2）气象月数据表

以区站号和日期为主键,存储气象站点月平均温度（0.1 ℃）、月总降水量（0.1 mm）,见表 6.2。

表 6.2 气象月数据表（T_AwsMonthData）

字段名称	字段代码	字段类型	说明
站号	stationnum	nvchar(5)	主键,非空
日期	date	date	主键,非空

字段名称	字段代码	字段类型	说明
平均温度	avg_temp	float	
总降水	pre_time	float	

○ **6.2.3 数据库组织代码**

1. 矢量数据库

（1）矢量数据逻辑组织代码

根据矢量数据库组织结构，设计矢量数据逻辑组织代码（表6.3）。

表6.3　矢量数据库逻辑代码

总库		分库		子库		逻辑存储层		物理存储层	
名称	代码	名称	代码	名称	代码	名称	代码	名称	代码
地理空间库	KST	矢量数据库	VEC	基础地理信息	BAS	行政区边界	BOU	面	PY
								线	LN
						居民点	RES	点	PT
						水系	WAT	面	PY
								线	LN
				土壤	SOI	土壤质地	TEX	面	PY
						土壤类型	TYP	面	PY
				植被	VEG	森林	FOR	面	PY
						灌草	GRA	面	PY
						农田	FAR	面	PY
				气象	MET	站点	SIT	点	PT
						气温	TEM	点	PT
						降水	PRE	点	PT

（2）矢量数据命名规则

在矢量数据集中按照地理要素的分类进行物理分层，每一个物理分层作为一个要素层（FeatureClass），其命名规则为：总库代码＋分库代码＋"_"＋子库代码＋逻辑层代码＋"_"＋物理层代码。如广西喀斯特地区行政区边界的命名为：KST_VEC_BAS_BOU_PY（面状）、KST_VEC_BAS_BOU_LN（线状）。

（3）矢量数据存储

矢量数据导入子库和要素层需要设置4个入库存储参数：精度、偏移量、格网单元、空间参考。矢量库采用4个字节的正整数存储几何坐标，坐标范围为−100 000～90 0719 825 474.099。装入空间数据的几何坐标必须在此范围里，超出此范围的坐标值不能载入。因此，偏移量就是对不在此范围内的原始数据进行坐标平移，以保证所有的坐标值都在规定的坐标范围里。格网索引方式设置：简单要素的数据层，选择单级索引格网，封装边界大小变化较大的要素层，选择2级或3级索引格网，格网的大小不能小于要素封装边界的平均大小，且可以随时调整，具体参数值可根据数据实体定义。

2. 栅格数据库

(1)栅格数据逻辑组织代码

根据数栅格据库组织结构,设计栅格数据逻辑组织代码(表 6.4)。

表 6.4 栅格数据逻辑组织代码

总库		分库		子库		
名称	代码	名称	代码	名称		代码
地理空间库	KST	栅格数据库	RAS	遥感图像	Landsat TM	TM
					Landsat ETM	ETM
					Landsat OLI	OLI
				地形	海拔	DEM
					坡度	SLO
					坡向	ASP
				生态	植被指数	NDVI
					覆盖度	FVC
					净初级生产力	NPP
					生态质量指数	VQI
				气象	气温	TEM
					降水	PRE

(2)栅格数据命名规则

栅格数据命名规则:总库代码+"_"+ 分库代码 +"_"+子库代码+"_"+时间/比例尺。如某时间 Landsat TM 遥感图像:KST_RAS_TM_20200115;某比例尺地形:KST_RAS_DEM_5W;某时间生态质量:KST_RAS_VQI_202010;某时间降水:KST_RAS_PRE_202006。

(3)栅格数据存储

栅格数据导入子库和栅格要素层需要设置的三个参数:分块大小、金字塔技术、压缩方式。分块大小以 BLOB 类型存储,以像元表示。栅格数据库鉴于数据库 I/O 的处理能力,采用默认缺省值 128×128 像素的数据块作为一个记录存放。金字塔技术就是基于原始数据的多分辨率空间索引结构,通过对原始数据的不断重采样而建立的一系列的不同尺度层次数据,以提高对数据操作的效率。重采样有三种方式:最临近法、线性法和三次立方卷积法。最临近法速度最快但精度较差,三次立方卷积法速度最慢但精度最高,线性法介于两者中间,是合适的方法,故采用线性法重采样。压缩方式采用一种无损压缩算法,即 LZ77 方式。

○ 6.2.4 数据库空间参考

空间数据库坐标系统一采用 2000 国家大地坐标系(CGCS2000),投影方式采用高斯克吕格 18 度带(CGCS2000_GK_Zone_18),栅格数据统一分辨率为 250 m(表 6.5)。

表 6.5 空间数据库空间参考

数据名称	数据类型	地图投影
遥感影像	栅格	CGCS2000_GK_Zone_18
地形	栅格	长半轴:6378137.0
生态	栅格	短半轴:6356752.3
土壤	矢量	中心纬度:0.0
植被	矢量	中央经度:105.0
气象	矢量、栅格	东距:18500000 北距:0.0
基础地理信息	矢量	CGCS2000

6.3 系统关键技术与方法

○ 6.3.1 ArcEngine 组件

ArcEngine 是 ESRI 公司推出的一个创建定制的 GIS 桌面应用程序的开发产品,包括构建 ArcGIS 产品的所有核心组件,可以创建独立界面版本的应用程序,或者对现有的应用程序进行扩展,为用户提供专门的空间解决方案。ArcEngine 提供了 COM、.NET 和 C++的应用程序编程接口(API)。这些编程接口包括了详细的文档和一系列高层次的组件,能够轻易地创建 ArcGIS 应用程序。从功能结构上来看(焦汉科 等,2017),ArcEngine 组件可划分为五个层次,分别是基础服务、地图表达、开发者组件层、扩展功能。基础服务是所有应用程序都需具有的,由 ArcGIS 核心 ArcObjects 构成;数据存储表达各种空间数据的存取过程;地图表达功能即为显示和创建地图,包括对地图的标注、渲染等;开发者组件提供了开发过程中常用的界面控件,主要有:MapControl、TOCControl、pageLayoutControl GlobeControl、SceneControl、ToolbarControl、ReaderControl 等。MapControl 类似于 ArcMap 桌面应用软件的数据视图界面,用于容纳各种地图对象;PageLayoutControl 类似于 ArcMap 桌面应用软件的地图编排界面,用于容纳各种地图编排对象;TocControl 服务于"buddy"控件,包括 MapControl、PageLayoutControl、ReaderControl、SceneControl 或 G1obeControl,用树形视图交换显示"buddy"控件显示的地图、图层和符号的内容;ToolbarControl 服务于"buddy"控件,包括 MapControl、PageLayoutControl、ReaderControl、SceneControl、GIobeControl,是为"buddy"控件提供各种服务的命令、工具和菜单的面板;SceneControl、GIobeControl 是三维场景显示控件,能够利用真实椭球面定位数据显示全球三维视图;ReadControl 能显示数据视图、地图编排视图和控件显示内容。扩展功能是在基本地理信息系统的基础上提供的一些诸如空间分析、空间建模等高级功能。

○ 6.3.2 Geodatabase 模型

空间数据模型是关于现实世界中空间实体及其相互间联系的概念,它为描述空间数据的组织和设计空间数据库模式提供着基本方法(邬伦 等,2006)。随着 GIS 技术的发展,目前已经产生了三代 G1S 数据模型,即:CAD 数据模型、Coverage 数据模型、Geodatabase 数据模型。Geodatabase 是 ArcGIS8 引入的新一代面向对象的空间数据模型,是建立在 DBMS(数据库管理系统)之上的统一的、智能的空间数据库(胡玲 等,2006)。"统一",是指 Geodatabase 空间数据模型能在同一的框架模型下对 GIS 通常所处理和表达的空间地理要素,如矢量、栅格、三维表面、网络、地址等,进行统一的描述。"智能化",是指在 Geodatabase 模型中,地理空间要素的表达较之于以往的模型更接近于对现实事务对象的认识和表达方式。Geodatabase 引入了地理空间要素的行为、规则和关系,当处理其中的要素时,对其基本的行为和满足条件的规范,无需通过程序编码;对其特殊的行为和规则,可以通过要素扩展进行客户化定义。Geodatabase 模型已应用于森林空间数据库(秦琳,2010)、遥感本底数据库(姚新春 等,2009;莫建飞 等,2012)等空间数据库的建设。

○ 6.3.3 植被生态质量监测评估模型算法

植被生态质量监测评估模型算法主要包括植被归一化指数($NDVI$)、植被覆盖度(FVC)、植被净初级生产力(NPP)、植被生态质量指数(QI)等。

1. NDVI

植被归一化指数(李民赞,2006)是指卫星遥感影像的近红外波段反射值与红光波段反射值之差比上两者之和,公式如下:

$$NDVI = \frac{NIR - R}{NIR + R} \tag{6.1}$$

式中:NIR 和 R 分别代表卫星遥感影像的近红外波段和红波段的反射值。

2. FVC

基于 NDVI 数据,利用像元线性分解模型(苏文豪 等,2018),计算植被覆盖度,表达式如下:

$$FVC = \frac{NDVI - NDVI_s}{NDVI_v - NDVI_s} \tag{6.2}$$

式中:$NDVI_s$ 为纯土壤像元的 $NDVI$ 值,$NDVI_v$ 为纯植被像元的 $NDVI$ 值,$NDVI$ 为像元的植被归一化指数。

3. NPP

基于 Miami 模型(Box et al,1982),利用 NDVI、降水量、气温数据在像元尺度的应用进行了修正,构建基于高分卫星遥感数据的 NPP 模型,公式如下:

$$NPP_i = NDVI \times 3000(1 - e^{-0.000664P}) \times K \tag{6.3}$$

式中:NPP_i 为每个像元第 i 月的 NPP,P 为每个像元对应的月降水量,K 为对应的月平均气温。

基于月 NPP 数据,利用累加计算方法,得到季度、年度的 NPP 总量,公式如下:

$$NPP_y = \sum_{i=1}^{n} NPP_i \tag{6.4}$$

式中:NPP_y 为季度或年度的 NPP 总量,NPP_i 为第 i 月的 NPP 总量。

4. QI

利用植被覆盖度指数和植被净初级生产力指数,计算植被生态质量指数(QI),公式如下:

$$QI = (\frac{NPP}{NPP_{max}} + FVC) \times 50 \tag{6.5}$$

式中:QI 为植被生态质量指数,FVC 为月平均植被覆盖度,NPP 为植被净初级生产力,NPP_{max} 为植被净初级生产力的最大值。

根据植被生态环境状况指数,将植被生态环境分为 5 级:好、较好、一般、较差和差(表 6.6)。

表 6.6　植被生态质量状况分级

级别	好	较好	一般	较差	差
指数	≥70	60~70	40~60	20~40	<20
描述	植被覆盖度高,生物多样性丰富,生态系统稳定	植被覆盖度较高,生物多样性较丰富,适合人类生活	植被覆盖度中等,生物多样性一般水平,较适合人类生活,但有不适合人类生活的制约性因子出现	植被覆盖度较差,严重干旱少雨,物种较少,存在着明显限制人类生活的因素	条件较恶劣,人类生活受到限制

6.4　系统功能实现

○ 6.4.1　主界面构建

系统采用父、子窗体的构架管理各功能模块。主窗体作为容器,各功能模块作为子窗体。

为更好地管理各功能模块,系统引入 DockPanel 类库,实现窗体的贴边、停靠、浮动和拖拽等功能。各子窗体继承自 DockPanel,并采用单例模式节省系统资源。结合 ArcEngine 对象库提供的接口及 ArcEngine 提供的可视化控件 TOCControl、MapControl、PageLayout、ToolControl 实现系统界面构建(图 6.4)。

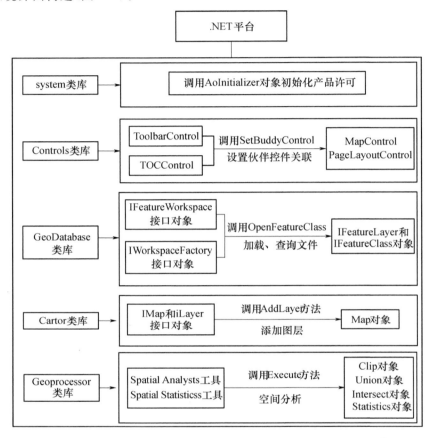

图 6.4 系统功能实现相关类与控件

系统主界面由标题栏、菜单栏构成,默认打开生态评估子窗体,向子窗体引入视图、布局视图、目录树和工具栏控件,可分为视图区、图层管理区、数据选择区(图 6.5)。

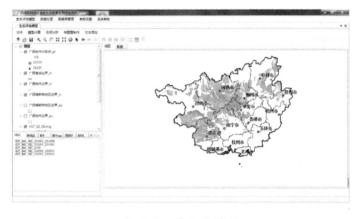

图 6.5 系统主界面

○ 6.4.2 数据库管理模块

数据库管理模块主要实现对气象信息数据和地理空间数据的导入、导出、删除等管理功能。

1. 气象信息数据管理

根据查询时间段,系统以 REST 方式从 CIMISS 平台 MUSIC 接口请求气象月数据(需连接气象内网),获取全区自动站月降水量和月平均温度数据(筛查去除空值)。MUSIC 接口以 json 数据格式返回数据,构造用户类对返回的 json 数据反序列化为用户类,遍历反序列化的数据集,以 Entity Framework 模型方式存储入库(图 6.6)。

2. 地理空间数据管理

地理空间数据管理,以 DLL 调用方式,构建 frmDBManage 类对象的函数 ImportShToGdb()、ImportRasterToGdb()、ExportShp()、ExportRaster(),实现基础地理信息、气象站点等矢量文件和遥感影像、植被 NPP、NDVI、覆盖度、生态质量等栅格文件的导入和导出(图 6.7)。

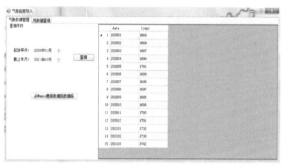 

图 6.6 气象数据管理窗口　　　　　图 6.7 空间数据库管理窗口

○ 6.4.3 生态质量监测评估模块

生态质量监测评估模块主要实现气象站点气象数据栅格化、反距离权重气象数据插值、植被覆盖度计算、植被 NPP 计算、植被 NPP 极大值计算、植被生态质量指数计算等功能(图 6.8)。

1. 气象观测站气象数据生成 shp 文件

通过 Filestream 类创建 streamReader 类对象,利用对象的 ReadLine()方法从气象数据库中读取字符数据,再通过动态数组 ArrayList 类创建对象,采用其 Add()方法添加数据,最后以 shp 文件格式输出结果,实现气象观测站不同时段气象数据生成 shp 文件(图 6.9)。

2. 反距离权重气象空间插值

根据反距离权重算法,创建 FrmGPToolGBD 类,对气象观测站的降水量、气温等点状空间数据进行插值推算,以栅格数据格式输出,实现气象观测站降水量、气温等要素面状空间栅格化(图 6.10)。

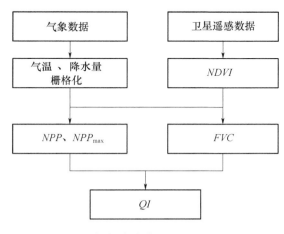

图 6.8 生态质量监测评估流程图

图 6.9 气象站点生成 shp 文件　　　　　　图 6.10 气象数据空间栅格化

3. 植被覆盖度计算

基于卫星遥感数据,选择相应的波段,计算植被归一化指数 $NDVI$(图 6.11),再根据 $NDVI$,利用植被覆盖算法,计算植被覆盖度 FVC(图 6.12)。

图 6.11 植被归一化指数 $NDVI$ 计算　　　　图 6.12 植被覆盖度计算

4. 植被 NPP 的计算

利用 $NDVI$、月降水量、月平均温度栅格数据,根据植被 NPP 算法,计算月植被 NPP(图 6.13)。再由月植被 NPP 累加生成季度、年度的 NPP 总量(图 6.14)。由月植被 NPP,依次计算 1—12 月各月植被净初级生产力的最大值 NPP_{max},由月 NPP_{max} 累加生成季度、年度植被净初级生产力的最大值。

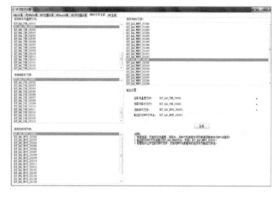 

图 6.13 月植被 NPP 计算　　　　　　图 6.14 NPP 总量计算

5. 植被生态质量指数计算

利用平均植被覆盖度 FVC、NPP 总量、NPP_{max} 总量数据，根据植被生态质量指数算法，计算植被生态质量指数 QI(图 6.15)。

6.4.4 GIS 基本功能模块

图 6.15 植被生态质量指数计算 　　　　图 6.16 栅格分类渲染

GIS 基本功能模块主要实现数据管理、数据浏览、空间统计分析等功能。

1. 数据管理

实现与数据库的连接，地图文档、外部地理空间数据文件的导入导出，图层管理等功能。

2. 数据浏览

实现视图切换，地图缩放、漫游、全图显示、标注，图层属性显示等基本浏览操作。

3. 空间统计分析

实现空间数据的剪切、叠加分析、合并分析、数据转换、栅格分类渲染、重分类、投影转换、区域面积统计等空间分析功能(图 6.16、图 6.17)。

6.4.5 制图输出模块

制图输出模块主要实现气象条件专题图、植被覆盖度专题图、植被净初级生产力专题图、植被生态质量监测评估专题图的制图输出(图 6.18)。通过切换至版面视图，选择相应数据进行分级渲染，并添加文字标注、图例、指北针和比例尺等制图元素，选择对应的制图模板后完成打印输出。

图 6.17 面积统计窗体 　　　　　　图 6.18 专题图制作

6.5 典型自然保护区生态质量监测评估案例

以广西喀斯特地区大化县七百弄自然保护区为案例,基于 GF-1 晴空卫星遥感影像,利用广西喀斯特地区植被生态质量监测评估系统,对 2013 年 12 月、2014 年 12 月、2017 年 12 月、2019 年 12 月七百弄自然保护区的植被生态质量进行动态监测评估,为七百弄自然保护区提供气象保障服务。

○ 6.5.1 七百弄自然保护区概况

广西大化县七百弄自然保护区位于云贵高原东南斜坡下部、大化县北部,是国内唯一一处以高峰丛深洼地为主导的景观,主要地质遗迹为高峰丛深洼地,次要地质遗迹为岩溶谷地、峡谷、洞穴、地下暗河、地质剖面和水体景观等,面积 323.4 km²,是西南岩溶地貌的典型代表,是国内外罕见的喀斯特地貌。七百弄自然保护区平均海拔为 740 m,最高海拔为 1100 m,最低海拔为 160 m;自然保护区内主要分布有 6 个气象观测站(图 6.19)。

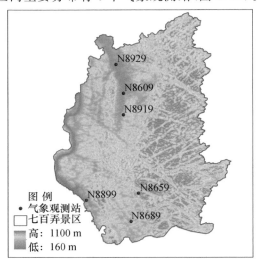

图 6.19 广西大化县七百弄自然保护区地形图

○ 6.5.2 气象条件分析

利用系统气象数据处理分析功能,分析 2013 年至 2019 年 12 月广西大化县七百弄自然保护区气象条件。

1. 气温

气温监测显示(图 6.20):2013—2019 年广西大化县七百弄自然保护区气候适宜,年平均气温变化较小,年平均气温为 22.20 ℃,但 12 月平均气温变化较大,呈上升趋势,2019 年 12 月较 2013 年 12 月升高了 2.10 ℃,较常年 12 月偏高 0.69 ℃。

2. 降水量

降水量监测显示(图 6.21):2013—2019 年广西大化县七百弄自然保护区年降水量较丰富,年均降水量 1500.4 mm,但年降水量差异较大,2013—2017 年年降水量呈上升趋势,2017 年降水量开始下降;12 月降水量较少,且略呈下降趋势;除 2013 年 12 月较常年 12 月偏多,2014 年、2017 年、2019 年 12 月均比常年 12 月偏少。

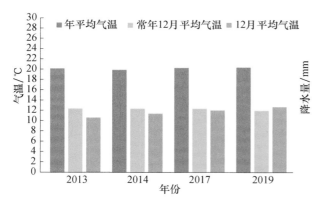

图 6.20 2013—2019 年七百弄自然保护区
年平均气温、12 月平均气温变化

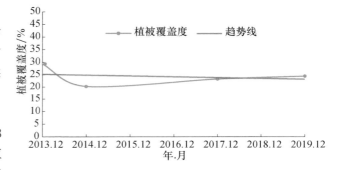

图 6.21 2013—2019 年七百弄自然保护区
年降水量、12 月份降水量变化

○ 6.5.3 植被生态质量监测评估

利用系统植被生态质量监测评估
功能,分析 2013 年至 2019 年 12 月广
西大化县七百弄自然保护区植被生态
质量状况。

1. 植被覆盖度

植被覆盖度监测显示(图 6.22):2013
年至 2019 年 12 月,广西大化县七百弄植
被覆盖度较低,平均为 24.40%;植被覆盖
度差异较大,2013 年 12 月植被覆盖度相
对较高,平均 29.40%,2014 年 12 月植被

图 6.22 2013 年至 2019 年 12 月七百弄
自然保护区植被覆盖度变化

覆盖度最低,平均 20.33%;2017 年 12 月、2019 年 12 月植被覆盖度略提高,但总体上略呈下降趋势。

空间分布上(图 6.23,表 6.7):2013 年至 2019 年 12 月,七百弄自然保护区大部区域植被
覆盖度较低,中低、低等植被覆盖度平均占比为 88.57%,其中,2014 年 12 月占比最大,达
95.50%;低、中低植被覆盖度主要分布在自然保护区的洼地地带。

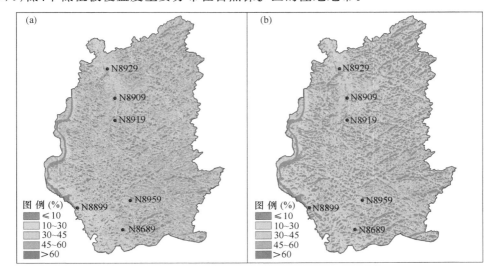

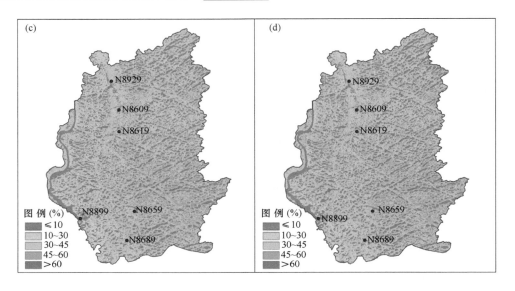

图 6.23　2013 年至 2019 年 12 月七百弄自然保护区植被覆盖度空间分布图
(a. 2013 年 12 月；b. 2014 年 12 月；c. 2017 年 12 月；d. 2019 年 12 月)

表 6.7　2013 年至 2019 年 12 月七百弄自然保护区植被覆盖度等级占比统计

时间	覆盖度/%				
	≤10	10～30	30～45	45～60	＞60
2013 年 12 月	17.24	31.56	29.52	21.10	0.58
2014 年 12 月	31.91	38.17	25.42	4.50	0.00
2017 年 12 月	25.90	37.02	28.06	9.01	0.01
2019 年 12 月	24.97	33.59	30.93	10.50	0.01
平均值	25.01	35.08	28.48	11.28	0.15

2. 植被净初级生产力

植被净初级生产力监测显示(图 6.24)：2013 年至 2019 年 12 月，广西大化县七百弄植被净初级生产力较低，平均为 232.11 gC/m²；植被净初级生产力差异较大，2013 年 12 月植被净初级生产力相对较高，平均 619.10 gC/m²，2014 年 12 月植被净初级生产力最低，平均 73.12 gC/m²；2017 年 12 月、2019 年 12 月植被净初级生产力略提高，但总体上呈下降趋势。

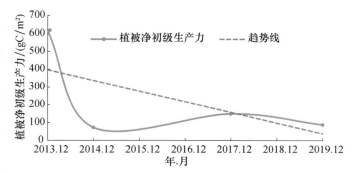

图 6.24　2013 年至 2019 年 12 月七百弄
自然保护区植被净初级生产力变化

空间分布上(图 6.25)：2013 年至 2019 年 12 月，七百弄自然保护区大部区域植被净初级生产力较低(<400 gC/m²)，平均占比 81.92%(表 6.8)，其中，2014 年 12 月、2019 年 12 月占比达 100%；植被净初级生产力<100 gC/m² 主要分布在自然保护区的洼地地带；2019 年 12 月自然保护区的西南部植被净初级生产力降低明显，缘由是该区域干旱严重，12 月降水量只有 2.5 mm。

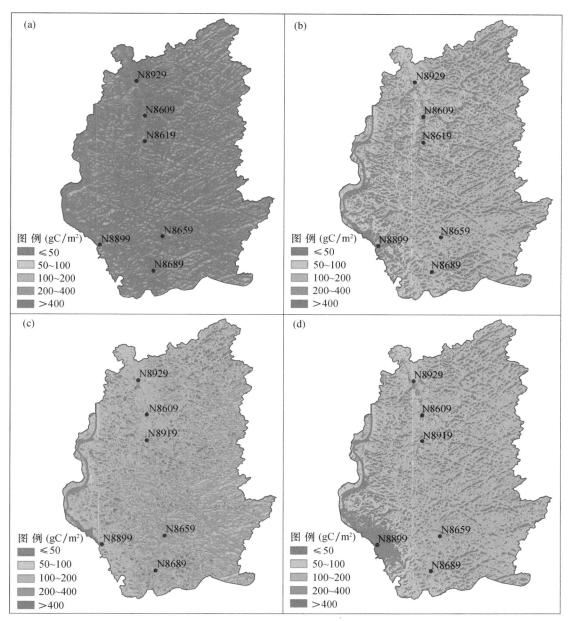

图 6.25 2013 年至 2019 年 12 月七百弄自然保护区植被净初级生产力空间分布

(a. 2013 年 12 月；b. 2014 年 12 月；c. 2017 年 12 月；d. 2019 年 12 月)

表 6.8 2013 年至 2019 年 12 月七百弄自然保护区植被净初级生产力占比统计（单位：%）

时间	植被 NPP/(gC/m²)				
	≤50	50~100	100~200	200~400	>400
2013 年 12 月	2.09	1.22	6.23	18.22	72.24
2014 年 12 月	36.50	33.50	30.00	0.00	0.00
2017 年 12 月	14.77	18.85	38.53	27.76	0.09
2019 年 12 月	29.54	28.86	40.38	1.22	0.00
平均值	20.72	20.61	28.78	11.80	18.08

3. 植被综合生态质量

植被综合监测显示(图6.26):2013年至2019年12月,广西大化县七百弄植被生态质量指数差异较大,2013年12月植被生态质量指数相对较高,平均64.60,2014年12月植被生态质量指数最低,平均16.08;2017年12月、2019年12月植被生态质量指数略提高,但总体上呈下降趋势。

空间分布上(图6.27,表6.9):2013年至2019年12月,广西大化县七百弄植

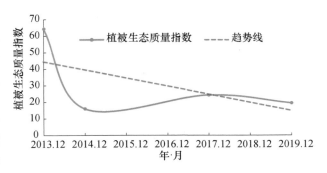

图6.26 2013年至2019年12月七百弄自然保护区植被生态质量指数变化

被生态质量等级差异较大,2013年12月有99.37%区域植被生态质量正常偏好,2014年12月、2017年12月、2019年12月植被生态质量等级均以偏差为主,占比分别为99.91%、92.15%、99.77%。缘由是2014年、2017年、2019年12月降水量均较常年偏少。

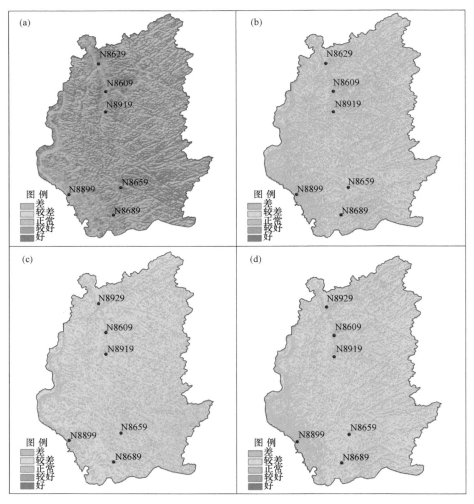

图6.27 2013年至2019年12月七百弄自然保护区植被生态质量等级分布图

(a. 2013年12月;b. 2014年12月;c. 2017年12月;d. 2019年12月)

表 6.9　2013 年至 2019 年 12 月七百弄自然保护区植被生态质量等级占比统计（单位：%）

时间	植被生态质量等级				
	差	较差	正常	较好	好
2013 年 12 月	0.47	0.15	30.85	36.18	32.35
2014 年 12 月	63.91	36.00	0.09	0.00	0.00
2017 年 12 月	36.17	55.98	7.58	0.25	0.02
2019 年 12 月	48.77	50.99	0.23	0.01	0.00
平均值	37.33	35.78	9.69	9.11	8.09

6.6　本章小结

本章主要介绍基于高分辨率卫星遥感数据的广西喀斯特地区植被生态质量监测评估系统的总体框架结构设计、系统功能模块设计、系统空间数据库建立、系统研发的关键技术及算法、系统功能实现，为典型自然生态保护区生态质量监测评估提供气象保障服务。

（1）系统总体框架结构设计

利用 ArcEngine 与 Winform 技术，基于 C/S 模式，采用数据、逻辑、应用三层结构构建，系统功能模块主要包括数据库管理、GIS 基本功能模块、植被生态质量监测评价模块、地图制作模块。

（2）系统空间数据库建设

采用 Geodatabase 空间数据模型，设计空间数据库内容、组织结构、组织代码等，保证空间数据完整性和共享性，提高数据存储和管理效率，提升广西喀斯特地区植被生态质量监测评估的精准度，为开展地方生态文明建设提供基础生态信息数据。

（3）系统核心算法

基于高分辨率的广西喀斯特地区植被生态质量监测评估系统的核心算法主要包括植被覆盖度、植被净初级生产力、植被综合生态质量指数。其中，植被覆盖度利用像元线性分解模型构建；植被净初级生产力是基于 Miami 模型利用 NDVI、降水量、气温数据在像元尺度的应用并进行了修正；植被综合生态质量指数是综合植被覆盖度指数和植被净初级生产力指数构建。

（4）系统应用

通过系统的应用分析，可为特定时期喀斯特地区的典型自然保护区植被生态质量监测评估与预警提供生态基础数据和技术支撑。

参考文献

胡玲，刘强，2006. 基于 ArcSDE 和 Geodatabase 的城市规划管理 GIS 数据库的应用研究 [J]. 计算机科学，33(12)：125-127.

焦汉科，黄悦，2017. 基于 ArcEngine 的插件式 GIS 开发框架设计与应用研究 [J]. 测绘与空间地理信息，(01)：128-131.

李民赞，2006. 光谱分析技术及其应用 [M]. 北京：科学出版社.

莫建飞，莫伟华，钟仕全，等，2012. 基于 Geodatabase 和 ArcEngine 的遥感本底数据库的设计与实现 [J]. 计算机应用研究，19（Z）：1052-1055.

秦琳，2010. 基于 ArcSDE 和 Geodatabase 的森林空间数据库构建研究 [J]. 林业调查规划，35(2)：85-88.

苏文豪，甘淑，袁希平，等，2018. 近 13a 思茅地区植被覆盖度变化及其影响因素 [J]. 河南大学学报（自然科学版），48（5）：574-580.

邬伦，刘瑜，张晶，等，2006. 地理信息系统——原理、方法和应用 [M]. 北京：科学出版社，47-48.

姚新春，薛红琳，陈宇箭，2009. 遥感本底数据库建设研究 [J]. 现代测绘，32(2)：12-14.

Box E，Lieth H，Wolaver T，1982. Miami model productivity map. In primary production of terrestrial ecosystems [J]. Human Ecology，1：303-332.

第7章 植被生态质量监测评估业务规范与服务应用

为提升植被生态质量监测评价水平,增强气象影响评估能力,最大程度发挥气象部门在国家倡导绿色发展、美丽中国建设中的作用,制定广西植被生态质量监测评估业务规范,并在生态气象、生态旅游、生态宜居、生态保护红线划定等推广应用,为广西喀斯特地区生态经济发展、生态恢复治理、生态扶贫等生态文明建设提供气象保障服务。

7.1 植被生态监测评估业务规范

在国家气象中心制定的全国植被生态质量气象监测评估业务规范基础上,根据广西实际情况,制定广西本地化植被生态质量监测评估业务规范(图 7.1)。

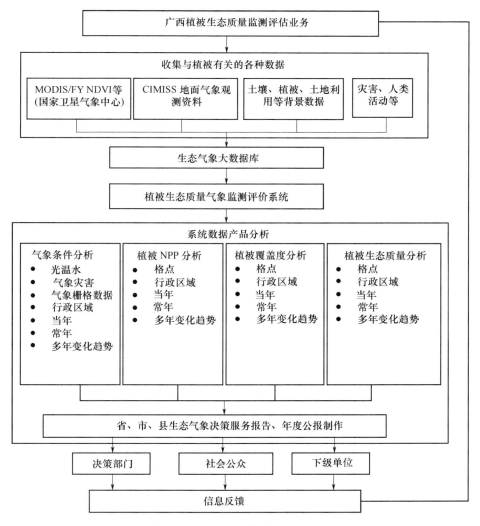

图 7.1 广西植被生态质量监测评价业务流程图

○ 7.1.1 资料收集与处理

广西植被生态质量监测评估业务主要涉及的背景数据包括 250 m×250 m 空间分辨率的植被类型图、土地利用图、土壤质地图、海拔高程数据、行政边界数据(矢量与栅格)、气象观测站点分布数据。

1. 气象数据收集与处理

从国家气象信息中心 CIMISS 数据库实时自动获取日观测气象数据,提取每日观测的大气温度、相对湿度、降水量、风速、日照时数等数据,然后计算月日照时数、降水量、平均气温、平均最低气温、平均最高气温、相对湿度和 10 m 风速。对提取和计算出来的气象站单点数据采用 GIS 的反距离权重(IDW)空间插值方法,生成 250 m×250 m 的栅格数据。

2. 卫星遥感数据的收集与处理

广西 250 m×250 m MODIS 归一化差值植被指数 NDVI 月最大值合成资料,来自国家卫星气象中心。

○ 7.1.2 数据存储

1. 输入数据

输入的气象数据和遥感数据、生成的中间过程及计算结果数据自动保存在相应的数据库。

2. 生成数据

生成数据,包括栅格数据、图像、统计数据等,按日期保存在相应数据库中。

○ 7.1.3 技术方法

广西植被生态质量监测评估主要包括植被相关生物物理参数反演,月植被 NPP、覆盖度估算,年内任意时段以及全年植被 NPP 累计,平均植被覆盖度计算,四季、生长季、年生态质量指数计算,月末生态质量指数计算,多年植被 NPP、覆盖度、生态质量指数变化趋势率、生态改善指数计算以及统计报表、专题制图等内容,技术方法详见第 3 章。

1. 植被生物物理参数反演

(1)太阳总辐射

根据日照时数,估算地表太阳总辐射。

(2)地表湿润指数

利用实际蒸散和潜在蒸散的比值,估算地表湿润指数。

(3)FPAR 的估算

利用归一化差值植被指数 NDVI,估算植被的有效光合辐射吸收比例 FPAR。

(4)实际光能利用率估算

根据植被类型数据、大气温度数据、地表湿润指数数据等,计算植被的实际光能利用率。

2. 植被 NPP 估算

(1)月植被 NPP 估算

利用太阳光合有效辐射数据、FPAR 数据、实际光能利用率数据等,计算植被净初级生产力 NPP。

(2)年内任意时段和全年植被 NPP 计算

以关注的年内任意时段或定期的季、年为时间单位,对关注时段内的各月 NPP 进行累计,得到该时段植被 NPP。

3. 植被覆盖度计算

（1）月植被覆盖度估算

利用月最大 $NDVI$，计算植被月覆盖度。

（2）年内任意时段和全年平均植被覆盖度计算

以关注的年内任意时段或定期的季、年为时间单位，对该关注时段内的各月植被覆盖度进行算术平均，得到该关注时段的平均植被覆盖度。

4. 植被生态质量指数计算

（1）月植被生态质量指数计算

基于该月植被覆盖度和月植被 NPP，计算得到反映该月的植被生态质量指数。

（2）四季、生长季、年度植被生态质量指数计算

基于四季、生长季、年度植被 NPP 和平均植被覆盖度，计算得到反映该时段的植被生态质量指数。

5. 植被 NPP、覆盖度等变化趋势率计算

从起始年到终止年，对于关注的各年同一时段，计算该时段植被 NPP、覆盖度、生态质量指数的倾向率，即为变化趋势率。

6. 植被生态改善指数计算

从起始年到终止年，对于关注的各年同一时段，以植被 NPP 变化趋势率和覆盖度变化趋势率为基础，计算反映植被生态质量变化的指数。

7. 统计分析报表

根据省、市、县的行政边界矢量数据以及植被类型数据，统计省、市、县或植被类型的植被 NPP、覆盖度、生态质量指数、生态改善指数，为编制生态质量监测评估报告提供数据支撑。

8. 专题制图

（1）图像产品

根据植被 NPP、覆盖度、生态质量指数、植被生态改善指数等，制作植被生态质量监测报告所需的各种图像。并对图像分级和制图色阶、数据和产品的分辨率及地图投影、数据格式等进行了规范，便于图像产品结果可对比。

植被生态质量指数（QI）分 5 级：好，$70<QI$；较好，$60<QI\leqslant70$；正常，$40<QI\leqslant60$；较差，$20<QI\leqslant40$；差，$QI\leqslant20$。

植被 NPP、覆盖度和生态质量指数变化趋势率分级：根据变化趋势率（k）划分为 8 级。其中，变好为 1 级至 4 级，变差为 5 级至 8 级。

植被 NPP 变化趋势率（k）分 8 级：1 级为 $10<k$，2 级为 $5<k\leqslant10$，3 级为 $2.5<k\leqslant5$，4 级为 $0.0<k\leqslant2.5$，5 级为 $-2.5<k\leqslant0$，6 级为 $-5<k\leqslant-2.5$，7 级为 $-10<k\leqslant-5$，8 级为 $k\leqslant-10$。

植被覆盖度变化趋势率（k）分 8 级：1 级为 $0.75<k$，2 级为 $0.5<k\leqslant0.75$，3 级为 $0.25<k\leqslant0.50$，4 级为 $0.00<k\leqslant0.25$，5 级为 $-0.25<k\leqslant0.00$，6 级为 $-0.50<k\leqslant-0.25$，7 级为 $-0.75<k\leqslant-0.50$，8 级为 $k\leqslant-0.75$。

植被生态改善指数（Qc）分 6 级：明显变好，$25<Qc$；变好，$10<Qc\leqslant25$；略变好，$0<Qc\leqslant10$；略变差，$-10<Qc\leqslant0$；变差，$-25<Qc\leqslant-10$；明显变差，$Qc\leqslant-25$。

数据和产品分辨率、地图投影：遥感和气象数据及产品采用的地图投影为等经纬度投影，采用的数据空间分辨率为 $0.0025°\times0.0025°$（注：$0.0025°$格点相当于空间分辨率为 250 m 格点）。

数据格式：数据采用 ENVI 数据格式，包括两个文件，二进制的 *.img 数据文件和 ASCII

的 ＊.hdr 数据说明文件，该 ＊.img 格式图像文件可以在 ArcGIS 等 GIS 软件和遥感软件中直接打开。结果色斑图采用 BMP 图像格式或 JPG 图像格式。

（2）图形产品

根据生态气象业务平台按省、市、县行政边界统计植被 *NPP*、覆盖度、生态质量指数、生态改善指数结果，分析制作植被生态气象监测报告所需的柱状、折线等各种图形产品。

○ 7.1.4　产品制作与发布

1. 产品主要类型

（1）省、市、县生态质量监测评估报告

该报告为一年一度定期产品，内容主要包括当年省、市、县植被以及主要生态系统（农田、草地、森林、石漠化等）生态质量及气象影响评价、多年植被生态质量变化以及气候变化影响评价、重点生态保护工程和区域生态质量及气候变化影响评估等。制作时间为当年 12 月至翌年2 月。

（2）不定期决策服务产品

根据国家和社会需求，关注重点、热点问题，随时制作热点问题和关注区域的生态质量监测评估报告。产品内容、制作时间根据需求确定。

2. 产品制作主要流程

在各种相关数据收集基础上，根据植被生态质量监测评估技术方法，制作图像与图形产品，多角度深入分析评估当年天气气候对植被生态的影响，分析不同生态系统（农田、森林、草地、石漠化）、不同区域、不同市县及重点生态建设区域植被生态质量的变化情况、历史排位以及生态变化的气象影响等。结合天气气候趋势预测，对未来植被生态变化以及气象影响进行预估，提出植被生态保护和建设的应对措施和建议（图 7.2）。

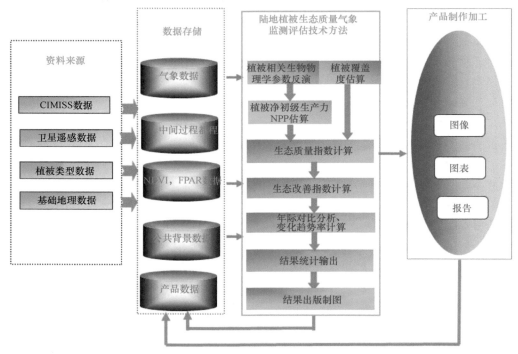

图 7.2　植被生态质量监测评价产品制作流程图

3. 产品发布

《省、市、县生态质量监测评估报告》在翌年 1—2 月，根据服务需求等，确定发布时间。

4. 产品上传

制作的年度和不定期植被生态质量监测评价服务产品上传至气象决策服务平台的"生态气象类"目录，供气象部门使用。

7.2　全国生态气象服务

国家级生态气象服务应用主要包括全国生态气象专项服务、中国气候变化专项服务。在气象部门开展石漠化气象监测研究和服务。

○ 7.2.1　全国生态气象专项服务

2017 年、2018 年广西喀斯特地区植被生态质量监测评估产品入选全国生态气象公报，为全国提供生态气象专项服务。

1. 2017 年广西喀斯特地区植被生态质量评价

2000 年以来广西喀斯特地区气温升高、降水量增加，有利于植被生长，加之石漠化综合治理，植被生态质量指数呈增加趋势，2017 年区域生态质量达到 2000 年以来最好水平（图 7.3）。但是，喀斯特地区植被生态质量指数波动较大，2004—2006 年、2009—2011 年有两个低值时段，主要是严重少雨干旱、低温冰冻和高温热害频发所致。2017 年广西有 97.3% 的喀斯特地区植被生态质量正常偏好，偏好区

图 7.3　2000—2017 年广西喀斯特地区植被生态质量指数变化

域主要位于广西中部和西部地区。受 6 月末至 7 月初强降雨、12 月下旬霜（冰）冻等灾害影响，广西东北局部地区植被生态质量略偏差（图 7.4）。

2. 2018 年广西喀斯特地区植被生态质量评价

2018 年广西石漠化区大部光、温、水匹配较好，有利于植被生长，加之石漠化综合治理，石漠化区生态环境持续得到改善，植被生态质量指数达 2000 年以来最高（图 7.5）。2000—2018 年广西有 98.5% 的石漠化区植被生态质量呈变好趋势，其中有 71.6% 的区域生态明显变好；仅有 1.5% 的区域植被生态质量呈下降趋势（图 7.6）。

○ 7.2.2　中国气候变化专项服务

2017 年、2018 年广西喀斯特地区植被生态质量监测评估产品入选中国气候变化蓝皮书，为全国岩溶区提供气候变化专项服务。

1. 2017 年广西喀斯特地区石漠化监测评估

2000—2017 年广西石漠化区秋季植被指数呈增加趋势（图 7.7），石漠化区植被指由 2000 年的 0.67 增加至 2017 年的 0.75，石漠化综合治理效果显著，区域生态环境总体改善效果显著。其中，秋季植被改善明显的地区占石漠化区总面积的 38.5%，主要分布于桂中的来宾市、

忻城县和桂东北的全州县以及桂北南丹县;保持相对稳定的地区占总面积的55.5%。桂西的隆林县和桂西南的崇左市、凭祥市局部地区略变差,占石漠化区总面积的6.0%(图7.8)。在全球气候增暖背景下,喀斯特地区气候系统不稳定性增加,极端天气气候事件增多,石漠化持续治理工作中需密切关注气候变化对脆弱生态环境的影响。

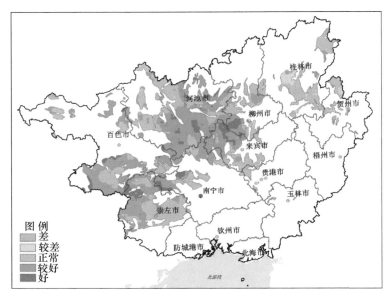

图7.4 2017年广西石漠化脆弱区植被生态质量空间分布

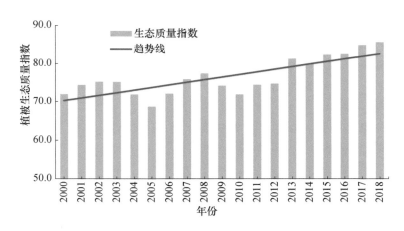

图7.5 2000—2018年广西石漠化区植被生态质量指数变化

2. 2018年广西喀斯特地区石漠化监测评估

1988—2018年,广西石漠化区面积表现为"增加−缓慢减小−明显减小"的阶段性变化过程。1988年、2002年、2007年和2018年轻度至重度石漠化区面积占广西土地总面积的比率分别为11.34%、11.84%、11.30%、10.32%。广西石漠化恶化程度不仅得到遏制且持续向好转变,区域生态环境得到明显改善。2018年,广西石漠化生态脆弱区大部分区域光、温、水等气象条件匹配好,气象条件对脆弱区植被生长的贡献率较高,在河池市南部、百色市西南部、南宁市北部、柳州市中部的气象条件优良,有利于植被恢复生长。与1988年相比,2018年重度石漠化区面积下降20.5%(图7.9)。

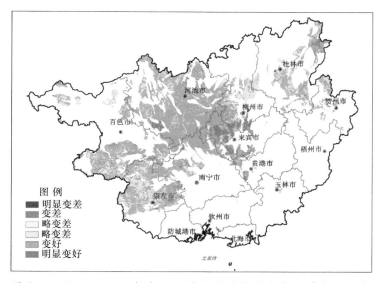

图 7.6　2000—2018 年广西石漠化区域植被生态改善空间分布

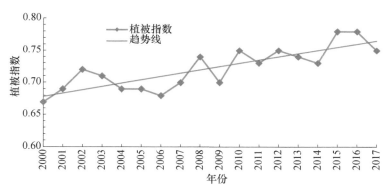

图 7.7　2000—2017 年广西石漠化区秋季植被指数变化

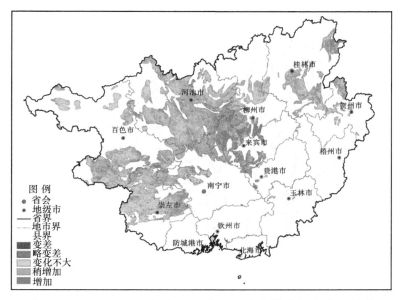

图 7.8　2000—2017 年广西石漠化区秋季植被指数变化趋势

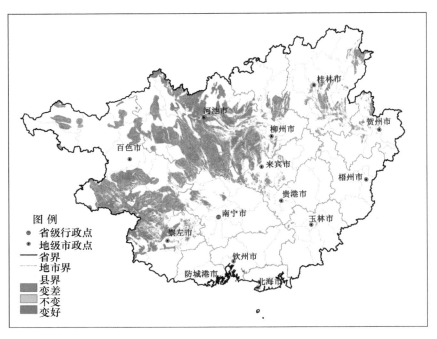

图 7.9　1988—2018 年广西岩溶石漠化等级变化空间分布

7.3　省市县级重大气象信息专项服务

植被生态质量监测评估技术已应用于广西生态质量监测评估业务中,为地方政府和相关部门提供了决策参考,取得了良好服务效果。

○ 7.3.1　省级服务

广西是全国首个开展省级植被生态质量监测评估服务的自治区,2016—2020 年已连续 5 a 发布了广西生态质量监测评估重大气象信息专报,为省政府生态提供气象保障服务,生态服务应用案例如下。

1. 2018 年广西植被生态质量监测评估

监测结果表明:2018 年广西植被生态质量持续改善,优于全国平均水平,为 2000 年以来最好。广西植被生态正常偏好区域达 97.6%,植被生态改善效果显著。广西石漠化生态脆弱区植被生态质量为 2000 年以来最好。2018 年广西总体水热气候条件较好,有利于植被生长和石漠化生态脆弱区生态恢复。

2000 年以来,广西植被生态质量指数呈现逐渐增长趋势,植被生态不断改善,2018 年广西植被生态质量为近 19 a 来最好(图 7.10)。

广西 97.6% 的区域植被生态质量正常偏好,稍好于 2017 年(96.8%),桂东大桂山、大瑶山、桂南十万大山、桂

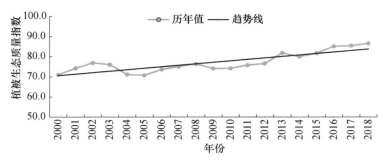

图 7.10　2000—2018 年广西植被生态质量指数变化

西北的凤凰山、都阳山等区域植被生态质量最好,桂北、桂中等部分区域植被生态质量相对偏差(图 7.11)。河池市、防城港市、百色市植被生态质量位列全区前三(图 7.12)。

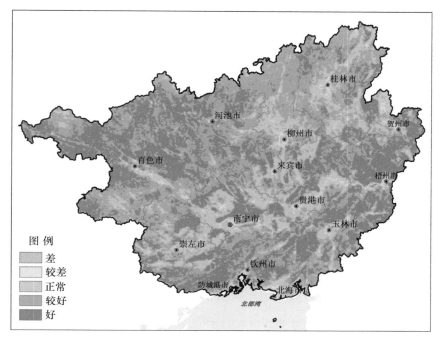

图 7.11　2018 年广西植被生态质量等级分布(绿色表示正常偏好)

广西生态恢复综合治理取得了良好的效果,2018 年 14 个地市植被生态质量均有了不同程度的改善,钦州市、南宁市、来宾市植被生态改善程度位居前三(图 7.13)。

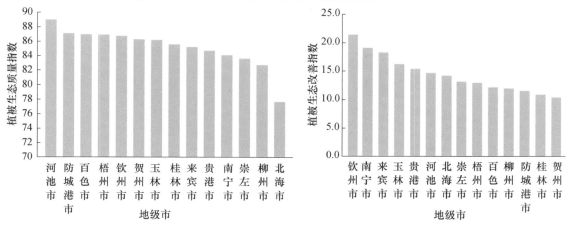

图 7.12　2018 年广西 14 个地市植被
生态质量指数统计

图 7.13　2018 年广西 14 个地市植被
生态改善指数统计

2. 2019 年广西植被生态质量监测评估

监测结果表明:2019 年广西植被生态质量持续改善,优于全国平均水平,为 2000 年以来第三高值。广西植被生态质量等级正常偏好区域达到 98.5%,石漠化生态脆弱区达 98.9%,植被生态改善效果明显。2000 年以来,北部湾经济区有 97.9% 区域植被生态质量呈变好趋势,植被生态改善程度位居全区第二。2019 年广西水热气候条件总体正常,利于植被生长和石漠化生态脆弱区生态恢复。

(1)2019 年广西植被生态质量状况分析

2000 年以来,广西植被生态质量指数呈波动上升趋势,植被生态不断改善,2019 年广西植被生态质量保持稳定,生态质量指数为 75.8,持续优于全国平均水平(67.6),为近 20 a 以来第三高值(图 7.14)。

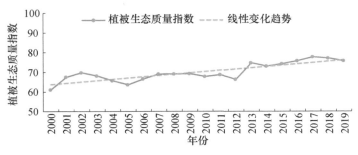

图 7.14　2000—2019 年广西植被生态质量指数变化

全区 98.5%的区域植被生态质量等级正常偏好,比 2018 年提高 0.9%,反映了生态恢复综合治理有成效。2019 年 14 个地市植被生态质量均有不同程度的改善,钦州市、南宁市、来宾市植被生态改善程度位居全区前三。桂东的大桂山、大容山、大瑶山、桂南十万大山、桂西北的凤凰山、都阳山、金钟山等区域植被生态质量最好;桂东北、桂东、桂中等部分区域植被生态质量相对偏差(图 7.15),偏差原因是这些区域的气象贡献呈负影响:6—7 月份频繁强降水造成植被受损,8—12 月连续高温干旱影响植被恢复(图 7.16)。

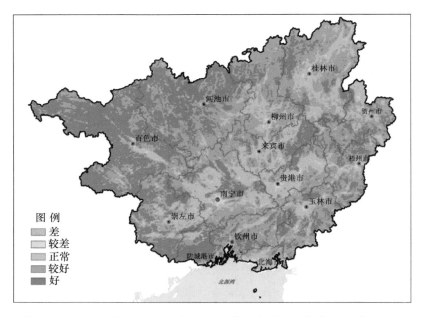

图 7.15　2019 年广西植被生态质量等级分布(绿色表示正常偏好)

(2)2019 年广西石漠化生态脆弱区植被生态质量良好

2000 年以来,广西石漠化生态脆弱区植被生态质量指数呈波动上升趋势,区域植被生态质量持续改善。2019 年,光、温、水气候条件总体正常,利于植被恢复生长,广西石漠化生态脆弱区 98.9%植被生态质量等级正常偏好,较 2018 年提高 0.7%。受强降水及高温干旱影响,桂中、桂东北局部地区植被生态质量稍偏差(图 7.17)。

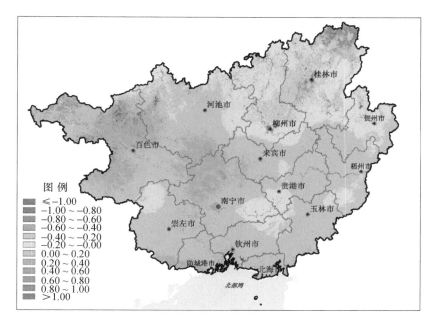

图 7.16　2019 年广西植被生态质量变化气象贡献评价(绿色表示正贡献)

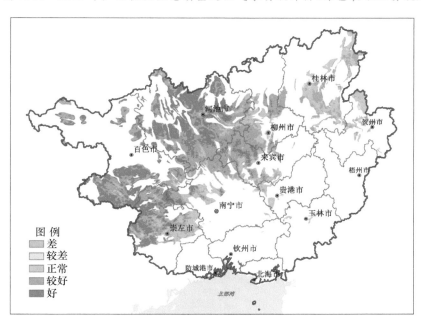

图 7.17　2019 年广西石漠化生态脆弱区植被生态质量等级分布(绿色表示正常偏好)

(3)2019 年广西北部湾经济区植被生态改善程度位居全区第二

2000 年以来,广西北部湾经济区植被生态质量指数呈波动上升态势(图 7.18),2013 年以来改善程度上升趋势明显。2019 年,97.9%区域植被生态质量得到改善,主要位于钦州市中南部、南宁市南部(图 7.19);区域植被生态改善指数为 17.9,改善程度显著高于全区平均水平(15.8),位居全区第二(图 7.20);由于气象贡献相比上一年偏低,区域植被生态质量较 2018年略有下降。

3.2020 年广西植被生态质量监测评估

监测结果表明:2020 年,广西植被生态质量等级正常偏好区域达到 98.5%,全区植被生态质量继续保持较高水平,北钦防地区植被生态改善较明显;石漠化生态脆弱区植被生态质量良好;广西植被生物量稳定增长,植被固碳能力较上年增强。

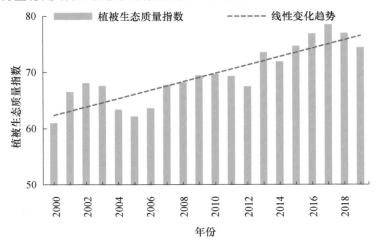

图 7.18   2000—2019 广西北部湾经济区植被生态质量指数变化统计

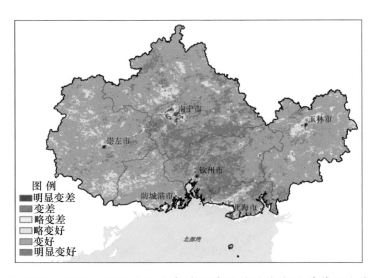

图 7.19   2000—2019 广西北部湾经济区植被生态改善等级分布

(1)2020 年广西植被生态质量保持高水平

2020 年广西 98.5%的区域植被生态质量等级为正常至好等级,全区植被生态质量指数为 75.7,与 2019 年持平(图 7.21),持续明显优于全国平均水平(68.4),植被生态质量保持高水平态势。

全区植被生态质量持续改善。2020 年大部分地市植被生态质量均有不同程度的改善,钦州市、南宁市、来宾市植被生态改善程度位居全区前三。桂东(大桂山、大容山、大瑶山)、桂南(十万大山)、桂西北(凤凰山、都阳山)、桂北(九万大山)等区域植被生态质量最好(图 7.22)。但受 6—8 月高温干旱灾害影响,河池市、百色市、崇左市、玉林市等地的气象条件对植被生态质量的影响为负贡献(图 7.23),导致这些区域的植被生态质量较 2019 年略降低。

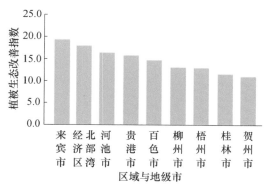

图 7.20 2000—2019 年广西各区域与
地级市植被生态改善指数统计

图 7.21 2000—2020 年广西植被生态
质量指数变化

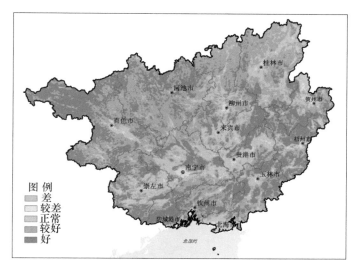

图 7.22 2020 年广西植被生态质量等级空间分布

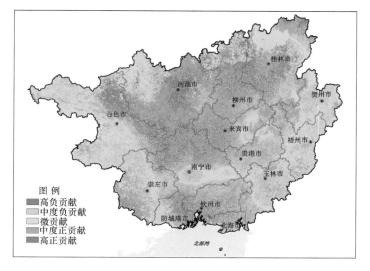

图 7.23 2020 年广西植被生态质量变化气象条件贡献等级分布

北钦防地区植被生态改善较明显。北钦防地区植被生态质量指数2000年以来呈波动上升态势（图7.24）。至2020年，有99.7%区域植被生态质量得到改善，改善区主要位于钦州市中南部、北海东北部，区域植被生态改善指数为17.9，改善程度显著高于全区平均水平(15.4)。

（2）2020年广西石漠化生态脆弱区植被生态质量良好

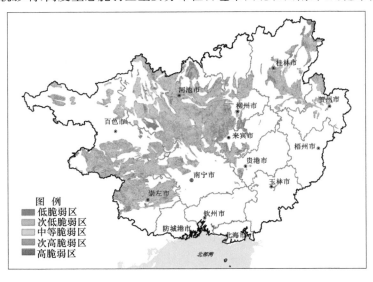

图7.24　2000—2020年北钦防地区植被生态质量指数变化

石漠化生态脆弱区生态质量良好。2000年以来，广西石漠化生态脆弱区植被生态质量指数呈波动上升趋势，区域植被生态质量持续改善。2020年广西石漠化生态脆弱区92.0%的区域生态脆弱性为偏低至中等程度，生态恢复能力较强。受气候和地形地貌影响，高度生态脆弱区主要分布在百色市西北和西南部、河池市南部（图7.25）。

图7.25　2020年广西石漠化生态脆弱区生态环境脆弱性评价

（3）2020年广西植被固碳能力较上年增强

植被在抵消人为碳排放、降低二氧化碳含量方面发挥显著作用，植被生物量是衡量植被固碳能力的关键指标。2000年以来，广西陆地植被生物量平均每年增加35 gC/m²，植被生物量由2000年1775 gC/m²增加到2020年的2515 gC/m²（图7.26），植被生物量增长41.7%。2020年，气象条件总体上对广西大部植被生长略为有利，植被生物量比去年增加51.4 gC/m²，植被固碳能力中等至强等级区域占93.8%，主要分布

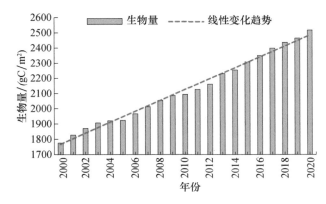

图7.26　2000—2020年广西植被生物量变化

在桂东北、桂东南和桂西北地区(图 7.27)。

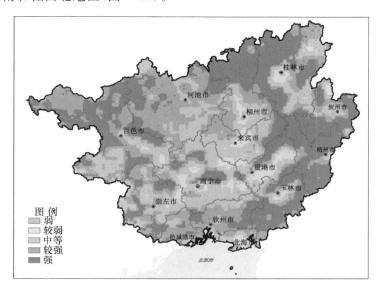

图 7.27　2020 年广西植被固碳能力等级分布

○ **7.3.2　市级服务**

在省级生态质量监测评估重大气象信息服务的基础上,结合各市县生态特色联合编制广西河池、百色、崇左、马山、平果等喀斯特地区市县生态质量监测评估重大气象信息专报,为市县级地方政府生态文明建设提供气象保障服务,生态服务应用案例如下。

1.2018 年河池市生态气象监测评估专报

采用卫星遥感植被数据和地面气象观测资料,对 2018 年河池市植被质量状况进行了分析,并首次研究了 2000 年以来河池市植被固碳释氧量情况。结果表明:2018 年河池植被生态质量位居广西第一(图 7.28),为 2000 年以来最好,植被固碳释氧量稳中有升(图 7.29)。

2018 年河池市植被生态质量全部正常偏好,天峨和巴马及东兰三县大部、凤山县东部、南丹县中南部、环江县西南部及罗城县西部等区域植被生态质量最好

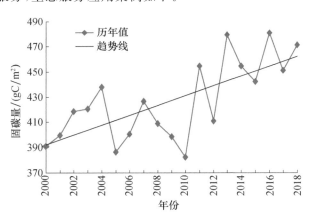

图 7.28　2000—2018 年河池植被年平均固碳量变化

(图 7.29)。巴马县、天峨县、东兰县植被生态质量位列全市前三(图 7.30)。

2018 年,河池市石漠化区植被生态质量(图 7.31)位居广西各地市石漠化区第一(图 7.32),植被生态质量正常偏好区域接近 100%,2000 年以来石漠化区植被持续改善(图 7.33),河池市石漠化生态治理成效显著。

2018 年,河池市政府采取道路保洁降尘治理、大气污染防治"百日攻坚"等工作举措,加上河池光、温、水条件匹配较好,河池城区环境空气优良天数比率达到 94.5%。且酸雨日数较少

（图 7.34），仅为 29 d，为近 10 年来最少，利于植被恢复生长。

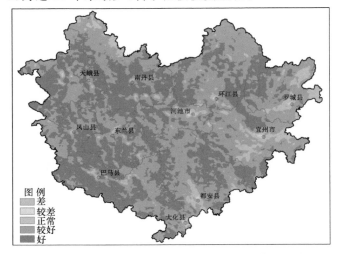

图 7.29 2018 年河池市植被生态质量等级分布

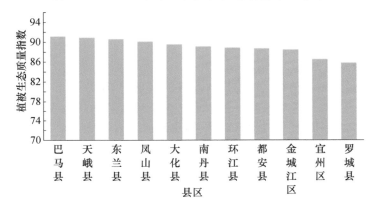

图 7.30 2018 年河池市各县区植被生态质量指数

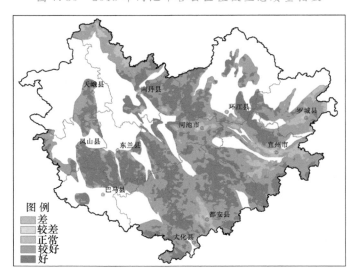

图 7.31 2018 年河池石漠化生态脆弱区植被生态质量等级分布

（注：绿色表示正常偏好，白色区域为非碳酸盐岩地区，如土山、林地等）

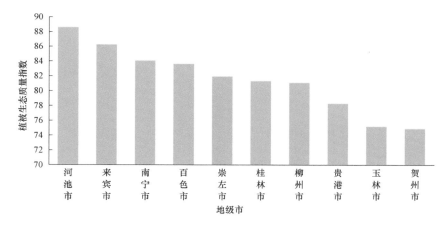

图 7.32　2018 年广西各地市石漠化区植被生态质量指数统计

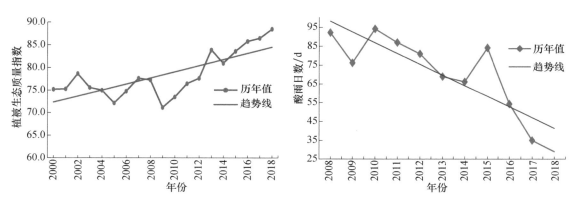

图 7.33　2000—2018 年河池市石漠化
生态脆弱区植被生态质量指数统计

图 7.34　2008—2018 年河池市酸雨日
数及趋势变化

2. 2019 年百色市生态气象监测评估

采用卫星遥感和生态模型综合监测方法进行百色市植被生态质量监测评估,结果表明:2019 年百色市植被生态质量持续改善,位居广西第一,为 2000 年以来最好。得益于系列环境保护措施和适宜的水热条件,全市有 99.5% 的区域植被生态质量等级都处正常偏好以上水平。2019 年百色市石漠化生态脆弱区植被生态质量良好,百色市石漠化生态治理成效显著。

(1)2019 年百色市植被生态质量位居广西第一

2019 年百色市生态质量指数为 81.9,位居广西第一(图 7.35),明显优于全区平均水平(75.8)。2000 年以来百色市植被生态质量指数呈波动上升趋势,2019 年百色市植被生态质量为近 20 a 以来最好(图 7.36)。

(2)2019 年百色市植被生态质量状况分析

2019 年百色市大部分区域植被生态质量等级都处于较好水平(图 7.37),正常偏好以上等级面积占 99.5%,差和较差等级仅占 0.5%(主要出现右江河谷和人口密集区)。其中田林县的植被生态质量指数最好,达到 85.6,那坡县第二达 85.1,西林县第三达 84.7,而右江河谷一带的县区植被生态质量相对偏低(图 7.38),偏低原因是这些区域 6—7 月频繁强降水造成植被受损及 8—12 月连续高温干旱影响植被恢复,以及右江河谷一带近年大面积改种芒果苗或改良(嫁接)芒果品种,植被覆盖面积减少。

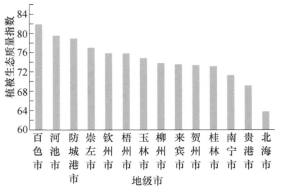

图 7.35　2019 年广西 14 个地市植被
生态质量指数统计

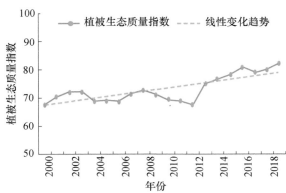

图 7.36　2000—2019 年百色市植被
生态质量指数变化

(3)2019 年百色市植被净初级生产力显著提升

2019 年百色市植被净初级生产力与历年平均值相比显著提高,达 1197.4 gC/m^2(图 7.39、图 7.40)。百色市西北部和南部山区的植被净初级生产力较高,达 1200 gC/m^2 以上,右江河谷及东部山区大部分为耕地,净初级生产力多处于 700~1000 gC/m^2,人口较为集中的城镇区域植被净初级生产力多数低于 500 gC/m^2。

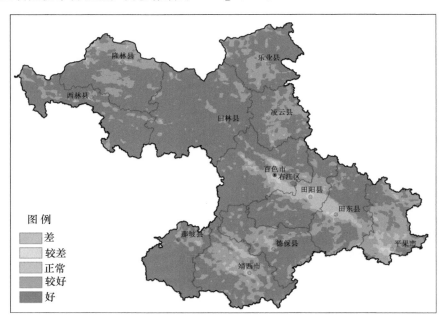

图 7.37　2019 年百色市植被生态质量等级(绿色表示正常偏好)

(4)2019 年百色市植被覆盖度持续增长,再创新高

2019 年百色市植被覆盖度为 78.40%,为近 20 a 最高值。2000—2019 年百色市植被覆盖度呈明显上升趋势,年均增速 0.78%,植被覆盖状况持续改善,尤其从 2013 年开始上升趋势

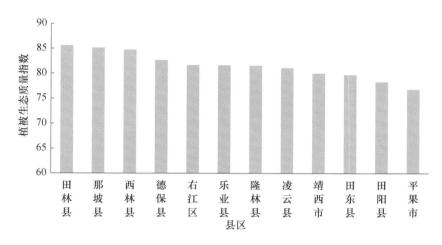

图 7.38　2019 年百色市植被生态质量指数统计

更明显(图 7.41)。2000—2019 年百色市植被覆盖度空间变化趋势来看(图 7.42),百色市有99.00%的区域植被覆盖度呈正向变化,山区的植被覆盖度明显提高,但右江河谷的人口密集区附近植被覆盖度下降明显。

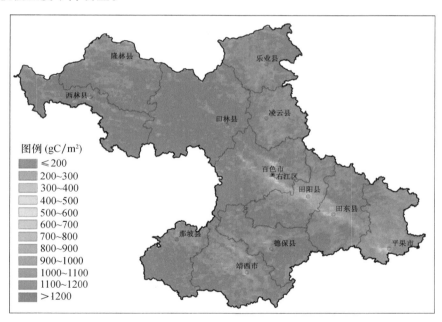

图 7.39　2019 年百色市植被净初级生产力分布

(5)2019 年百色市石漠化生态脆弱区植被生态质量良好

2000 年以来,百色市石漠化生态脆弱区植被生态质量指数呈波动上升趋势,区域植被生态质量持续改善(图 7.43)。2019 年百色市石漠化区植被生态质量位居广西各地市石漠化区第一(图 7.44),百色市石漠化生态脆弱区 99.6%面积植被生态质量等级正常偏好(图 7.45),特别是在百色市田阳区的南部、靖西市和那坡县交界处、德保县的中西部及凌云县中部的石漠化生态脆弱区生态质量等级最高,说明百色市石漠化生态治理成效显著。

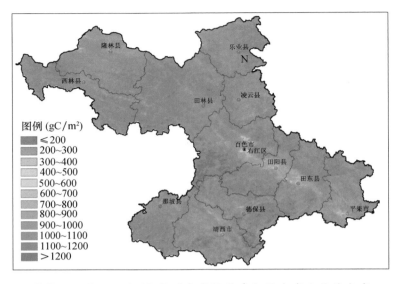

图 7.40 2000－2018 年百色市植被净初级生产力平均分布

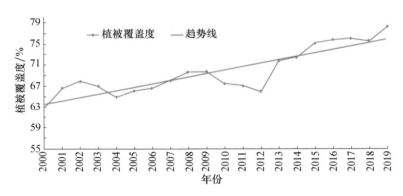

图 7.41 百色市整体植被覆盖度年际变化

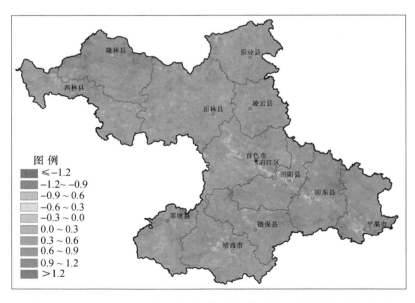

图 7.42 2000－2019 年百色市植被覆盖度变化趋势率空间分布

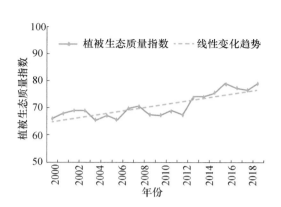

图 7.43 2000—2019 年百色市石漠化
生态脆弱区植被生态质量指数统计

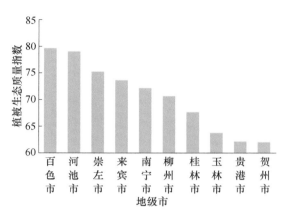

图 7.44 2019 年广西各地市石漠化区
植被生态质量指数统计

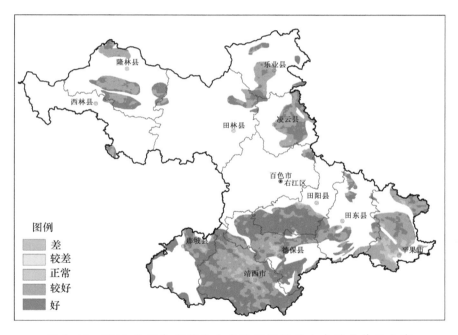

图 7.45 2019 年百色市漠化生态脆弱区植被生态质量等级分布

(注:绿色表示正常偏好,白色区域为非碳酸盐岩地区,如土山、林地等)

(6)水热条件利于植被生长

2019 年水热条件时空匹配有利于植被生长恢复。2019 年百色市平均气温 20.7 ℃,较常年正常略偏高,四季与常年同期相比均偏暖,热量条件有利于植被生长,作物生长显著加快。百色市各地降水量 1046.5~1695.5 mm,降雨日数 122~176 d,特别是春、冬季降水量较常年偏多。暖冬和旱季降水偏多,全年水热条件匹配优越,有利于植被生长(图 7.46)。

(7)关注与建议

2019 年百色市植被生态质量位居全区之首,充分说明百色市的生态文明建设成效显著,打造了百色市山清水秀的自然生态亮丽名片。百色市总体水热气候条件较好,有利于植被生长。要充分利用有利的天气气候条件及百色市生态资源优势,结合百色重点开发开放试验区

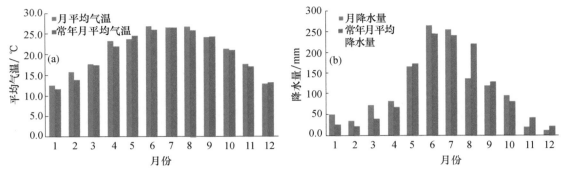

图 7.46　2019 年百色市国家站平均气温(a)、降水量(b)时间分布

建设,积极做好防灾减灾和应对气候变化工作,做好生态资源的开发利用,申报创建国家生态园林城市,打造城市名片,促进旅游资源开发。石漠化生态脆弱区是关乎百色市植被生态质量能否整体提升的重点地区,科学合理地开展石漠化地区生态恢复治理,抓好生态保护和修复,是保障百色市植被生态质量提高的关键。

3. 2019 年崇左市植被生态质量监测评估

采用卫星遥感和生态模型综合监测方法进行崇左市植被生态质量监测评估,结果表明:2019 年崇左水热气候条件总体正常,有利于植被生长和石漠化生态脆弱区生态恢复,植被生态质量持续改善,位居广西第四,为 2000 年以来第二好。崇左植被生态质量正常偏好区域达 99.40%,植被生态质量改善效果显著。崇左市石漠化生态脆弱区 99.32% 的植被生态质量等级正常偏好,排名提升至广西石漠化区第三,石漠化治理效果显著。

(1)2019 年崇左市植被生态质量位于全区前列

2019 年崇左市植被生态质量保持继续增长,生态质量指数为 77.0,位居全区各地级市第四名,为 2000 年以来第二好(图 7.47)。

2019 年崇左市大部分区域植被生态质

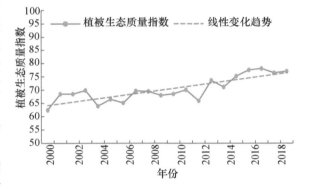

图 7.47　2019 年崇左市植被生态质量指数年际变化

量等级都处于较好水平(图 7.48),正常偏好以上等级面积占 99.4%,其中凭祥市的植被生态质量指数最高,达到 82.7。2019 年崇左市植被生态改善明显(图 7.49),改善最明显的为扶绥县,反映了崇左市植被生态恢复综合治理有成效。

(2)2019 年崇左市植被净初级生产力显著提升

2019 年崇左市植被净初级生产力总体偏好,与历年平均值相比显著提高,达 1118.6 gC/m² (图 7.50),崇左市南部和北部的山地地区大部植被净初级生产力较高,达 1160 gC/m² 以上,人口较为集中的城镇及左江河谷区域植被净初级生产力多数低于 900 gC/m²。

(3)2019 年崇左市植被覆盖度持续增长,再创新高

2019 年崇左市植被覆盖度为 74.2%(图 7.51),为近 20 a 最高值。2000—2019 年崇左市植被覆盖度呈波动上升趋势,年均增速 0.9,植被覆盖状况持续改善(图 7.52)。2019 年崇左市有 99.2% 的区域植被覆盖度呈正向变化,64.1% 的区域增长速度超过全市常年平均增速。

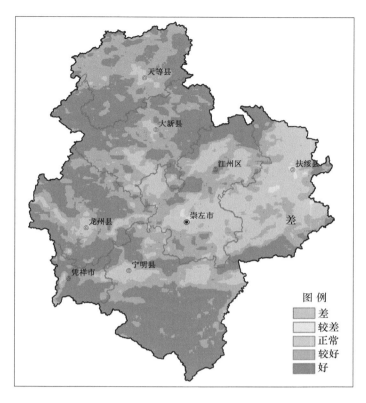

图 7.48 2019 年崇左市植被生态质量等级分布

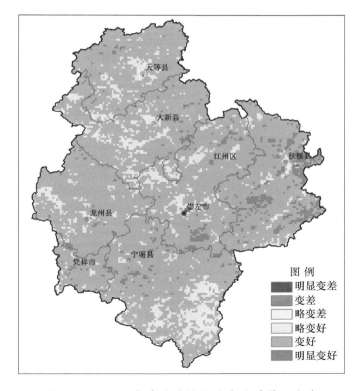

图 7.49 2019 年崇左市植被生态改善等级分布

(4)2019年崇左市石漠化区生态脆弱区植被生态质量位居全区第三

2019年,崇左市光、温、水等气候条件总体较好,辖内石漠化生态脆弱区99.32%的植被生态质量等级正常偏好(图7.53),较2018年度提高0.24%,植被生态质量指数排名提升至广西各地市石漠化区第三(图7.54);2000年以来,崇左市石漠化生态脆弱区植被生态质量指数呈波动式上升(图7.55),辖区内植被生态质量得到持续改善,崇左市石漠化生态治理成效显著。

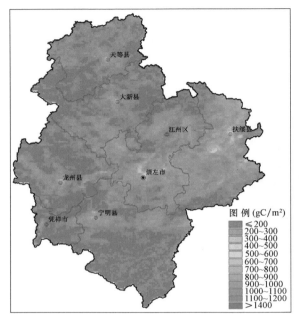

图7.50　2019年崇左市植被净
初级生产力空间分布

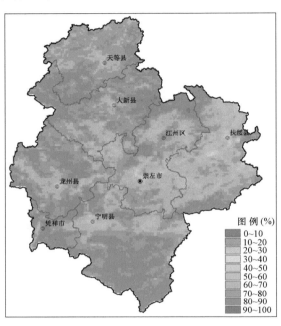

图7.51　2019年崇左市植被
覆盖度分布

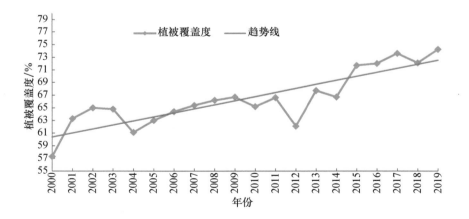

图7.52　2000—2019年崇左市植被覆盖度变化趋势

(5)水热气候条件利于植被生长

2019年崇左市平均气温22.1 ℃,较常年偏高0.1 ℃,冬、春季与常年同期相比偏暖,热量条件有利于植被生长,作物生长显著加快;平均降水量1407.4 mm,较常年偏多11.1%,平均降雨日数为153 d,比常年偏多4 d,全年水热气候条件匹配较好,有利于植被生长恢复(图7.56)。

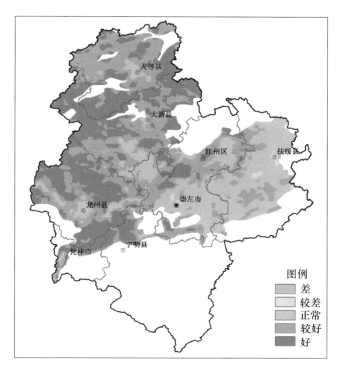

图 7.53　2019 年崇左市石漠化生态脆弱区植被生态质量等级分布

（注：绿色表示正常偏好，白色区域为非碳酸岩地区，如土山、林地等）

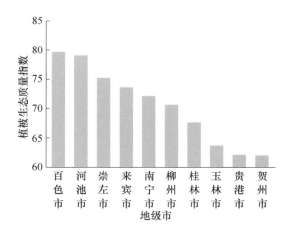

图 7.54　2019 年广西各地市石漠化区
植被生态质量指数统计

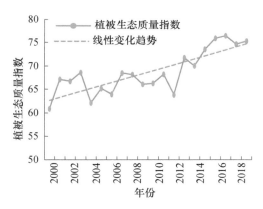

图 7.55　2000—2019 年崇左市石漠化
生态脆弱区植被生态质量指数统计

（6）崇左市高度重视生态文明建设

崇左市是广西最年轻的地级市，森林面积广，森林资源丰富，森林覆盖率达 55.39%，境内野生动植物繁多，生物多样性保护机制完善，自然保护区面积达 14.74 万 hm²，占全市总面积的 8.52%。是"国家森林城市""全国绿化模范城市""国家珍贵树种培育示范市"（全国唯一地级示范市）、"中国白头叶猴之乡"，植被净初级生产力和植被覆盖相对较高。崇左市高度重视生态文明建设，通过实施"植绿、增绿、扩绿、护绿"工程，大规模植树造林，开展退耕还林和石漠化治理，推进"创建国家卫生城市""自治区文明城市""广西食品安全示范城市"三城同创以及

"国家森林城市"复核工作,组织开展大气污染防治行动等一系列生态环境保护措施,使崇左市生态环境质量得到了明显改善,促进崇左市生态文明示范市的建设。

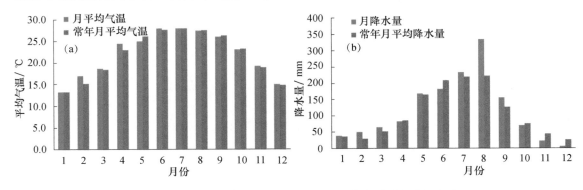

图 7.56 2019 年崇左市平均气温(a)、降水量(b)时间分布

4. 2019 年南宁市植被生态质量监测评估

采用卫星遥感和生态模型综合监测方法进行南宁市植被生态质量监测评估,结果表明:2000 年以来,南宁市植被生态质量指数呈波动上升趋势,年均增速 1.02/a,植被生态不断改善,2019 年变好及以上等级面积高达 60.7%,其中明显变好占 23.0%,改善程度显著高于全区平均水平,位居全区第二。2019 年南宁市植被生态质量达正常偏好以上面积占 96.5%,南宁主城区及武鸣区约 0.4%的区域明显变差。石漠化生态脆弱区植被生态质量总体良好。

(1)2019 年南宁植被覆盖度变化趋势呈明显上升趋势

2019 年南宁市植被覆盖度为 71.0%,与常年均值相比增加 8.7%,年均增速达 1.02/a,除南宁主城区以及武鸣区县城植被覆盖度变差以外,全市绝大地区植被覆盖状况持续改善,总体呈明显上升趋势(图 7.57)。

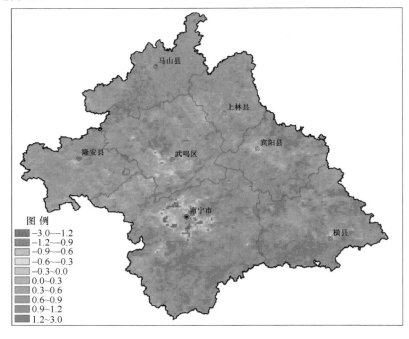

图 7.57 2000—2019 年南宁市植被覆盖度趋势分布

（2）2019 年南宁植被生态质量等级处于较好水平

2000 年以来,南宁植被生态质量指数呈波动上升趋势(图 7.58),植被生态不断改善。正常偏好以上等级面积占 96.5%,差和较差等级仅占 3.5%(图 7.59),主要出现在城区人口密集区域。2019 年南宁市平均植被生态质量指数为 71.3,与常年均值(66.4)相比增加 4.9,其中马山县的植被生态质量指数最高,达 75.8,其次是隆安县 74.7,其余各县(区)为 68.7～73.5。

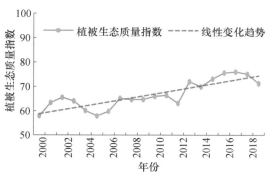

图 7.58 2000—2019 年南宁市植被生态质量等指数变化趋势

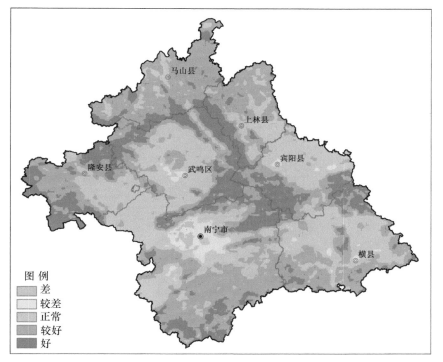

图 7.59 2019 年南宁市植被生态质量等级分布

（3）2019 年南宁植被生态改善程度全区排名第二

2019 年南宁市大部分区域植被生态改善等级都处于较好水平(图 7.60、图 7.61),远高于全区平均水平(7.45)。全市植被生态变好及以上等级面积高达 60.7%,其中明显变好占 23.0%,南宁城区和武鸣区存在约占 0.4%的区域明显变差,横县、宾阳、马山的生态改善程度指数都在 20 以上。

（4）2019 年南宁石漠化生态脆弱区植被生态质量总体良好

2000 年以来,南宁石漠化生态脆弱区植被生态质量指数总体呈波动上升趋势,区域植被生态质量持续改善。2019 年南宁石漠化生态脆弱区 98.7%植被生态质量等级正常偏好,但由于受到秋冬连旱少雨的影响,比 2018 年略低 0.2%,武鸣及宾阳小部分地区植被生态质量稍变差(图 7.62)。

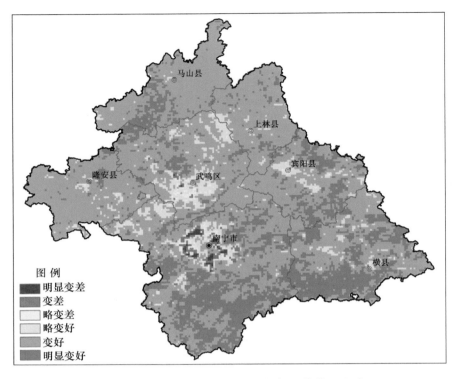

图 7.60　2019 年南宁市植被生态改善等级分布

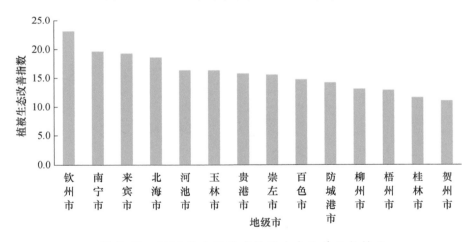

图 7.61　2019 年广西地市植被生态改善指数排名

（5）植被生态质量气象条件影响分析

2000 年以来南宁市较严重的旱情为 2003/2004 年秋冬春连旱、2004/2005 年秋冬春连旱、2009/2010 年秋冬春连旱、2019 秋冬连旱，统计 2000 年以来历年降雨日与历年 NPP 值，结果为正相关对应关系（图 7.63），植被生态与气象条件息息相关。

2019 年全市植被净初级生产力为 1002.2 gC/m²，与常年平均相比增加 1.56%，但是与 2018 年相比降低 10.4%。2019 年全市平均降雨量 1277.0 mm，较历年同期（1980—2010 年）偏少 142.7 mm，全市平均气温 21.9 ℃，比常年偏高 0.2 ℃，尤其 9—12 月全市平均降雨量为 114.6 mm，较历年同期偏少 55.3%，导致 2019 年南宁市植被净初级生产力比 2018 年明显偏低的气象原因。

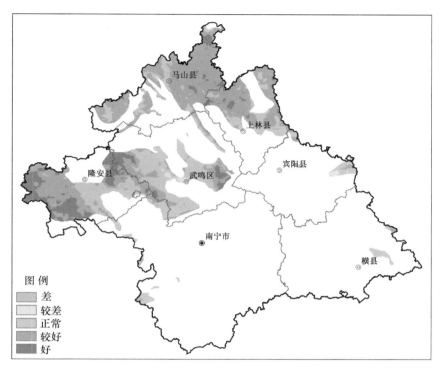

图 7.62　2019 年南宁市石漠化生态脆弱区植被生态质量等级分布

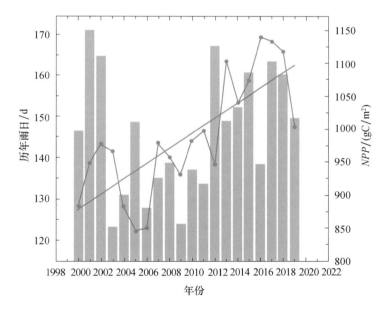

图 7.63　2000～2019 年历年雨日和 NPP 值相关分析

（6）关注与建议

虽然南宁植被生态改善程度在全区排名较高,但是在植被生态指数排名靠后,植被净初级生产力不高,且刚历经 2019 年秋冬连旱的考验,生态文明建设依然形势严峻,建议相关部门继续做好山水林田湖草生态保护修复工作,坚持生态优先,牢固树立"绿水青山就是金山银山"的绿色发展的理念,继续加强环境保护和生态综合治理,解决突出环境问题,针对植被覆盖度、生态指数、生态改善指数相对较低的南宁城区以及武鸣县城,建立湿地及自然保护区,加强污水治理,建设生态文明城市,改善人居环境,促进南宁市植被生态质量进一步改善。

重视气象防灾减灾和气候资源的开发利用。水热条件是影响植被生态质量的重要因素,干旱、暴雨洪涝、高温、台风等气象灾害和极端气候事件是生态安全的重要隐患。气象部门应持续开展生态系统的遥感本底调查和生态安全监测预警评估,做好防灾减灾和应对气候变化工作,有利于减轻自然灾害对生态环境的负面影响,持续释放生态红利,继续做好森林防火等级预报和人工影响天气服务等工作。

5. 2019年柳州市植被生态质量监测评估

采用卫星遥感和生态模型综合监测方法进行柳州市生态质量监测评估,结果表明:2019年柳州市植被生态质量优于去年,全区排名提升6位,植被生态质量位居2000年以来第三位,其中正常偏好区域达到98.0%,好等级区域比上年提高6.2%。石漠化生态脆弱区植被生态质量正常偏好区域达97.8%,好等级区域比上年提高8.1%。2019年柳州市光温水条件总体正常,但仍存在暴雨洪涝、干旱等灾害不同程度影响植被生长,气象条件对植被生态质量的贡献率稍差于去年。在大力实施生态建设及综合治理等多项举措下,柳州市植被覆盖率和植被生态质量稳定提高。

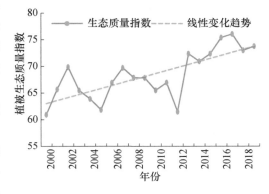

图 7.64 2000—2019 年柳州市
植被生态质量指数变化

(1)2019年柳州市植被生态质量优于常年和去年

2019年柳州植被生态质量指数为73.8,持续优于常年平均水平(68.1),优于上年水平(73.0)。2000年以来,柳州市植被生态质量指数呈波动上升趋势,植被生态质量不断改善,2019年柳州市植被生态质量位于近20年以来第三位(图7.64)。

2019年,全市98.0%的区域植被生态质量等级正常偏好(图7.65),比2018年提高0.2%,综合反映了生态恢复综合治理的成效。各县区植被生态质量均有不同程度的改善,除市区(不含柳江,下同)和各县区城区外,其余各地的植被生态质量都向好的方向发展,其中柳江南部、市区南部及鹿寨南部植被生态质量明显变好(图7.66)。融水植被生态质量居全市第一,市区最低(图7.67)。

(2)2019年柳州市石漠化生态脆弱区植被生态质量改善明显

2000年以来,柳州市石漠化生态脆弱区植被生态质量指数呈波动上升趋势,区域植被生态质量持续改善,2019年植被生态质量指数70.6,比常年值(65.7)偏高4.9,比上一年偏低0.8。区域内97.8%植被生态质量等级正常偏好,接近上年值。其中好等级区域比上年提高8.1%。年内受汛期强降水及夏秋高温干旱影响,局部地区植被生态质量稍偏差(图7.68)。

(3)2019年柳州市植被生态质量影响因素分析

植被覆盖度提高。2019年,柳州市植被覆盖度为74.1%,为近20 a以来最大值(图7.69),比去年提高4.6%,明显高于2000年以来的年均增速0.9%。2019年市区植被覆盖度比历年值提高9.8%,提高幅度全市最大。2019年市区植被覆盖度的年均增速1.0%,增速最快(表7.1)。

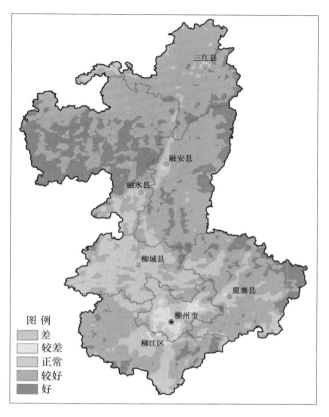

图 7.65　2019 年柳州市植被生态质量等级分布

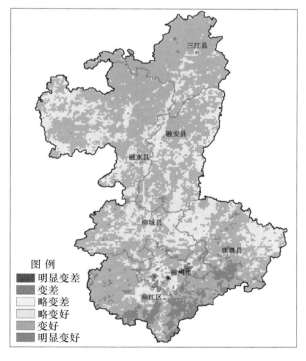

图 7.66　2019 年柳州植被生态改善等级分布

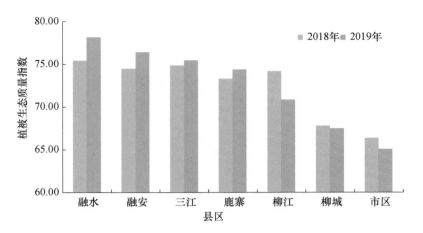

图 7.67　2018—2019 年柳州市各县区植被生态质量指数

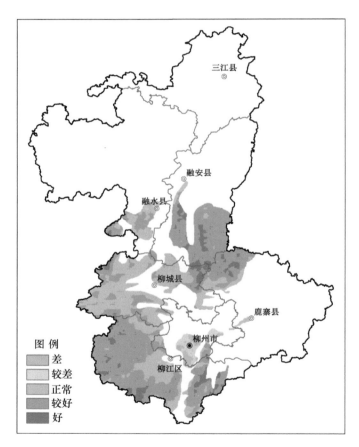

图 7.68　2019 年柳州市石漠化生态脆弱区植被生态质量等级分布
（绿色表示正常偏好）

　　气象条件总体正常。2019 年,柳州市光温水条件总体正常,春季气温回升快,汛期降水充沛,有利于植被的生长。但 6—7 月出现的暴雨天气过程造成局部植被生态状况被破坏,秋冬连旱也影响植被生长。气象条件对植被生态质量的贡献率为负值。植被平均固碳量457.1 gC/m²,释放氧气量为1223.8 gC/m²,植被固碳释氧功能较常年均值提高了 3.5%,

但比上年降低 3.9%。

治理措施得力。2019 年,柳州市深化生态环境保护治理,采取道路保洁及建设工地降尘、大气污染防治的"蓝天保卫战"等治理举措,在下半年高温、干旱的不利天气条件下,市区年酸雨日数(70 d)比常年平均天数偏少、居 2003 年以来的第六位。年内,"美丽柳州"乡村建设、石漠化治理、"金山银山"等重大生态工程建设使植被生态得到修复,山洪、泥石流、山体滑坡等灾害的防灾抗灾减灾能力加强,有效减轻了灾害对生态环境的影响,融安、融水暴雨中心区的植被覆盖度(77.0%)居近 20 年第一,比去年提高 6.2%。

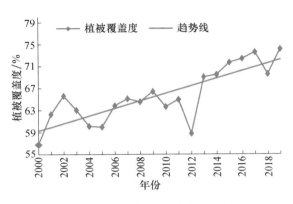

图 7.69　柳州市植被覆盖度年度变化

表 7.1　2019 年柳州市各县区植被覆盖度比较表

覆盖度	三江	融安	融水	柳城	鹿寨	市区	柳江
当年值/%	75.6	77.1	78.3	74.4	68.3	71.6	65.4
年均增速/%	0.8	0.8	0.9	0.9	0.8	1.0	0.9
与上年比/%	3.5	6.3	6.2	4.9	4.2	0.8	2.4
与历年比/%	8.1	8.4	9.2	8.8	9.0	9.8	8.2

(4)对策和建议

根据生态保护红线、环境质量底线、资源利用上线和生态环境准入清单,加大自然生态系统和环境保护力度,重视气候资源的合理开发利用,在深入推进植树造林之时,因地制宜,发展生态产业。同时加强森林资源管护,推进生态治理,打造具有柳州特色的生态屏障。

水热条件是影响植被生态质量变化的主要因素之一。2019 年柳州市降雨时空分布不均匀,暴雨洪涝、高温、干旱等气象灾害和极端气候事件对生态安全的影响明显,气象条件对植被生态质量的贡献率为负值。开展生态系统安全监测预警评估,有利于防御自然灾害对生态环境的负面影响。今后在坚持绿色发展理念,保护植被资源、加强生态综合治理力度的同时,应继续做好应对气候变化和防灾减灾工作,持续释放生态红利。

6. 2019 年来宾市植被生态质量监测评估

采用卫星遥感和生态模型综合监测方法进行来宾市植被生态质量监测评估,结果表明:2019 年来宾市植被生态质量持续改善,在气候偏旱的条件下,改善程度继续位居全区第三。

(1)2019 年来宾市植被生态质量状况分析

2019 年来宾市植被生态质量指数为 73.5,处在全区中等水平,较上年下降 2.5%(图 7.70),大部分区域植被生态质量等级都处于较好以上水平(图 7.71),全市正常偏好以上等级面积占 99.2%,较差的区域主要分布在

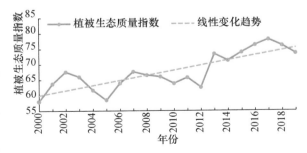

图 7.70　2000—2019 年来宾市
植被生态质量指数变化

兴宾区、武宣和象州的城区或人口密集区,各县植被生态质量指数依次为金秀 81.1、忻城 76.6、合山 73.3、象州 72.0、武宣 71.3 和兴宾区 69.4,全市植被生态质量指数下降的原因与 2019 年气候偏旱有一定关系。

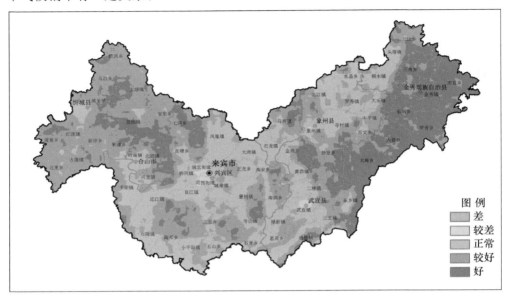

图 7.71 2019 年来宾市植被生态质量等级分布

(2)2019 年来宾市植被覆盖度持续增长,再创新高

2000—2019 年来宾市植被覆盖度呈明显上升趋势(图 7.72),2019 年达到 73.9%,较上年增加 1.9%,再创新高,带动植被生态质量持续改善,改善程度继续位居全区第三(图 7.73),其中全市有 99.4% 的区域植被覆盖度增加,植被覆盖度下降的地区普遍分布在县城区和部分乡镇人口密集区(图 7.74)。

(3)秋旱不利于植被快速生长

温度、降雨是影响植被生长的关键要素。2019 年来宾市各县平均气温 20.8～21.7 ℃,较常年偏高 0.1～0.4 ℃,各地年降雨量 1065.5～1762.5 mm,兴宾区偏少 2 成,其他地区正常略偏多,秋季降雨量 83.2～134.2 mm,较常年偏少 2～7 成,秋季降雨偏少气温偏高,对植被快速生长有一定不利影响(图 7.75)。

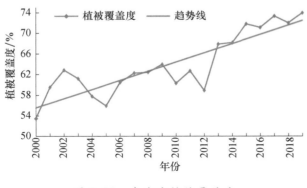

图 7.72 来宾市植被覆盖度年际变化

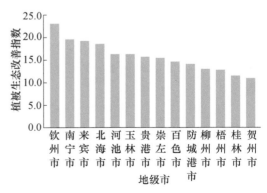

图 7.73 2019 年广西 14 个地市植被生态改善指数统计

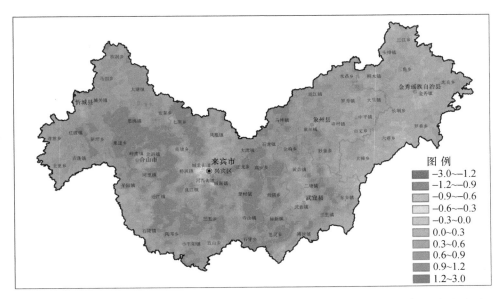

图 7.74　2000—2019 年来宾市植被覆盖度变化趋势率空间分布(绿色表示覆盖度增加)

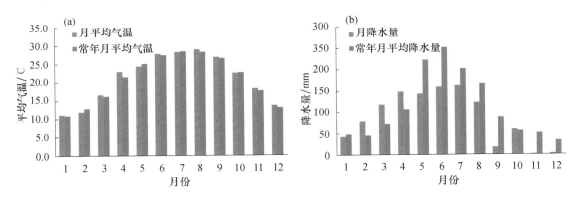

图 7.75　2019 年来宾市国家气象站平均气温(a)、降雨量(b)时间分布

（4）重视生态文明建设成效显著

来宾市中部平原地区主要为农耕区,该区域主要生长植被为农作物,人类活动强烈,植被覆盖度较低;东部主要为大瑶山区,植被覆盖度全市最高;西部虽有石漠化地区但由于多山地和丘陵,植被覆盖度较中部平原地区高。

近年来,来宾市积极开展创建"国家森林城市""中国天然氧吧""美丽广西"乡村建设等,使生态环境改善成效显著,2019 年生态环境质量改善指数继续位居全区第三,说明来宾市的绿色发展、大气污染防治等一系列环境保护措施不但保护了环境,还收获了绿水青山,优美怡人的生态环境和人文环境更能持续健康发展。

（5）关注和建议

生态文明建设是党的十九大报告中明确的战略部署,加大自然生态系统和环境保护力度,着力解决突出环境问题,继续推进绿色发展,促进来宾市植被生态质量改善是贯彻落实中央部署的具体行动。水热条件是影响植被生态质量变化的主要因素之一,2019 年来宾市各地降雨时空分布不均匀,秋季偏旱不利于生态环境改善,来宾市生态质量较 2018 年有所降低,说明气象灾害和极端气候事件对生态安全的影响是明显的。开展生态系统的遥感本底调查和生态安全监测预警评估,有利于防御自然灾害对生态环境的负面影响。今后在坚持绿色发展理念,保护植被资源、加强生态综合治理力度的同时,应继续做好应对气候变化和防灾减灾工作,持续释放生态红利。充分利用来宾市生态质量的优势,趋利避害,做好生态资源的开发利用,适时申报"避暑旅游胜地""气候宜居标志"等认证,打造城市名片,促进旅游资源开发。

7. 2019 年桂林市植被生态质量监测评估

采用卫星遥感和生态模型综合监测方法进行桂林市植被生态质量监测评估,结果表明:2019 年桂林市植被生态质量持续改善,生态质量位于 2000 年以来前列。全市大部分区域植被生态质量等级都处正常偏好以上水平,植被生态改善明显。尤其是植被净初级生产力与历年平均相比显著提升。

(1)2019 年桂林市植被生态质量状况分析

自 2000 年以来,桂林植被生态质量指数呈波动上升趋势,植被生态不断改善,2019 年植被生态质量为近 20 a 以来第五高值(图 7.76)。

图 7.76　2000—2019 年桂林植被生态质量指数变化

2019 年桂林市大部分区域植被生态质量等级都处于较好水平,而差和较差等级主要出现在城市人口密集区(图 7.77)。全市植被生态质量指数为 73.2,相较 2018 年略有下降。下降原因是 2019 年汛期雨量明显偏多,6—7 月频繁降水造成植被受损。7 月底到 9 月转入高温少雨天气,其中 10 d 最高气温达 37 ℃以上,连续高温干旱影响植被恢复。

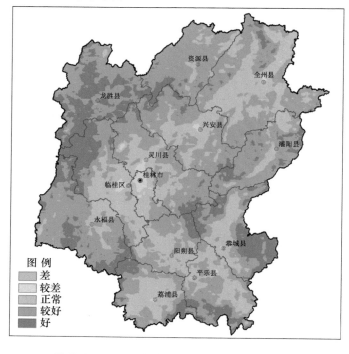

图 7.77　2019 年桂林市植被生态质量分布

（2）2019 年桂林市植被净初级生产力显著提升

2019 年桂林市植被净初级生产力与历年平均值相比显著提高,达 1004.4 gC/m²（图 7.78）。因生态系统种类繁多,不同土地利用类型的植被年净初级生产力差异很大,由森林、灌草到耕地,净初级生产力依次下降。桂林市北部和南部山区植被净初级生产力较高,达 1000 gC/m² 以上;中部平原地带大部分为耕地,净初级生产力多处于 700～900 gC/m²;人口较为集中的城镇区域及沿江流域地带植被净初级生产力多数低于 500 gC/m²（图 7.79）。

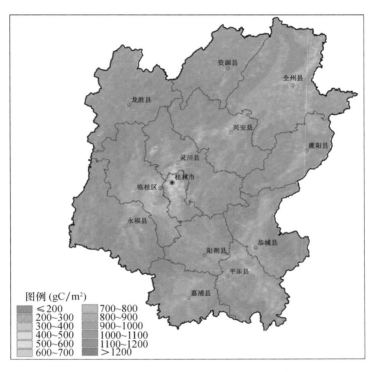

图 7.78　2000—2018 年桂林市植被净初级生产力平均分布

（3）桂林市植被覆盖度持续增长,2019 年再创新高

2019 年桂林市植被覆盖度为 74.6%,为近 20 年最高值。2000—2019 年桂林市植被覆盖度呈明显上升趋势,年均增速为 0.77/a,植被覆盖状况持续改善,尤其从 2010 年开始上升趋势更明显（图 7.80）。2019 年桂林市有 96.8% 的区域植被覆盖度呈正向变化,山区和平原地区植被覆盖度明显提高,但桂林城区附近植被覆盖度稍有下降。

（4）水热条件对植被生长影响

降雨、温度、日照是影响植被生长的关键要素。2019 年桂林市各地降水量为 1437.1～2693.5 mm,与常年同期相比,仅龙胜偏少 4%,其余各地偏多 1%～45%（图 7.81）。其中汛期（4—9 月）兴安、荔浦、平乐、恭城和龙胜各县雨量接近常年,其余县均偏多 2～3 成,全州偏多 66%,资源偏多 36%,灵川偏多 33%,桂林偏多 35%,临桂偏多 34%。灵川 4—9 月汛期总雨量为 2083.9 mm,桂林本站 4—9 月总雨量达到 1905.7 mm,相当于历年年平均总雨量。10—12 月各县雨量偏少 2～4 成,桂林偏少 48.6%。2019 年桂林市各地年平均气温 17.4～20.6 ℃,与常年同期相比,除平乐略偏低 0.1 ℃外,其余各地偏高 0.3～1.0 ℃（图 7.82）。7 月底转为高温天气。2019 年桂林市日照时数为 1350.4 小时,较常年同期偏少 9 成（图 7.83）。可见,桂林前期

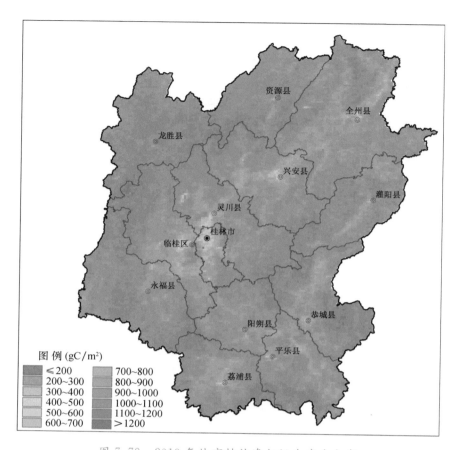

图 7.79　2019 年林市植被净初级生产力分布

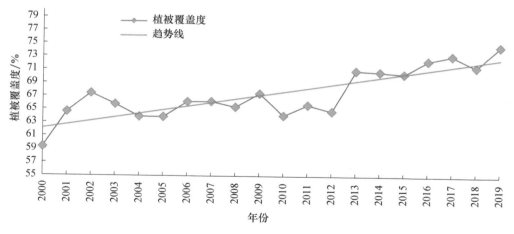

图 7.80　2000—2019 年桂林市植被覆盖度变化

降雨明显偏多且集中，日照明显偏少，造成植被受损。后期转为高温少雨天气，连续干旱不利于植被恢复。因此，2019 年桂林植被生态指数相较前三年略有下降。

（5）桂林市高度重视生态文明建设

桂林作为世界著名的风景旅游城市，绿色生态是桂林鲜明的城市特色，是桂林最大的

优势、最大的品牌和最大的财富。近年来,桂林市高度重视生态文明建设,动员全市上下进
一步保护好、利用好、开发好桂林的优良生态,大力发展生态经济,全力推进生态文明建设,
使桂林市生态环境质量得到了明显改善。通过实施大气、水、土壤污染防治计划,不断加大
生态环境保护力度,生态环境质量持续改善。坚持不懈做好漓江流域的山水林田湖草生态
保护和修复。荔浦市荔江国家湿地公园、资源县八角寨生态旅游示范区、资源县脚古冲生
态旅游区、阳朔县十里画廊遇龙河景区等被评定为"广西生态旅游示范区",2019 年桂林恭
城县获全国首个气候宜居县。说明桂林市的绿色发展、大气污染防治等一系列环境保护措
施不但保护了环境,更推动了桂林全域旅游发展,带动了城乡风貌建设、环境整治和三次产
业融合发展。

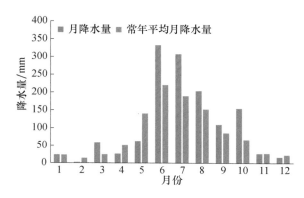

图 7.81 2019 年桂林市国家气象站
月降水量与常年对比

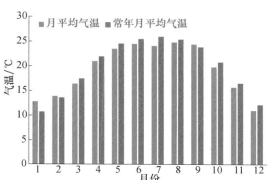

图 7.82 2019 年桂林市国家气象站
月平均气温与常年对比

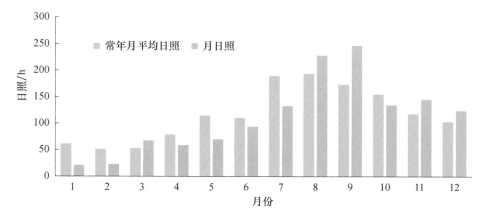

图 7.83 2019 年桂林市国家气象站月日照时数与常年对比

○ **7.3.3 县级服务**

1.2018 年马山县植被生态质量监测评估

采用卫星遥感和生态模型综合监测方法进行马山县植被生态质量监测评估,结果表明:
2018 年马山县植被生态质量位列南宁市第一,为 2000 年以来最高水平。马山县植被生态质
量正常偏好区域达 98.25%,高于南宁市平均水平(95.85%)。2018 年马山县总体水热气候条
件较好,利于植被生长和石漠化脆弱区生态恢复。

(1)2018年马山县植被生态质量位列南宁市第一

2018年马山县植被生态质量位列全南宁市第一,良庆区和上林县分别列第二、第三位（图7.84）。2018年,马山县大部分地区水热条件均适合植被生长,植被生态质量持续走高,高于2000年以来平均水平,为近19年来最好（图7.85）。

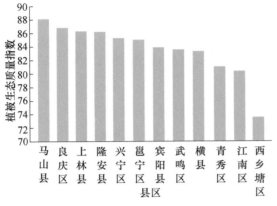

图 7.84　2018 年南宁市各区县植被
生态质量指数

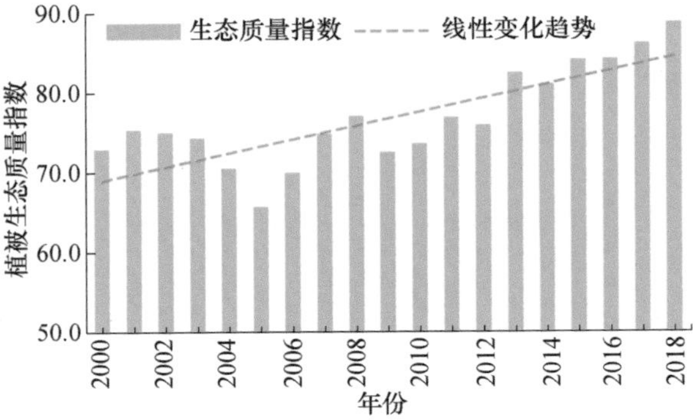

图 7.85　2000—2018 年马山县植被
生态质量及其变化趋势

(2)2018年马山县植被生态质量正常偏好

2018年马山县98.25%区域植被生态质量正常偏好,高于去年（97.93%）,其中林圩镇植被生态质量最好,古寨瑶族乡、古零镇次之,百龙滩镇植被生态质量相对偏差（图7.86、图7.87）。

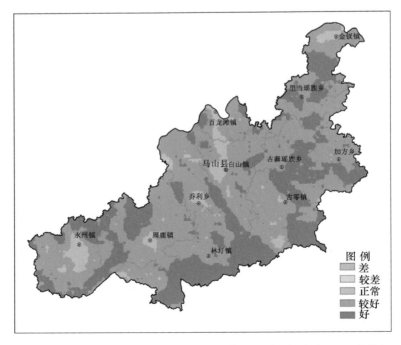

图 7.86　2018 年马山县植被生态质量等级分布（绿色表示正常偏好）

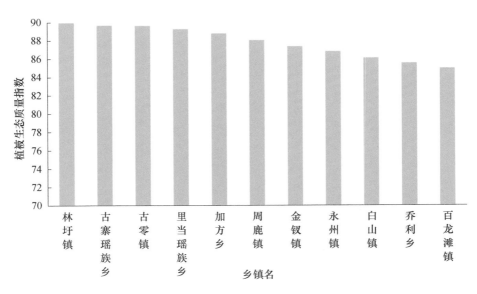

图 7.87　2018 年马山县各乡镇植被生态质量指数

（3）2018 年马山县植被生态改善状况偏好

2018 年，全县所有乡镇植被质量相较于 2017 年均有所改善，其中林圩镇改善程度最高（图 7.88、图 7.89）。

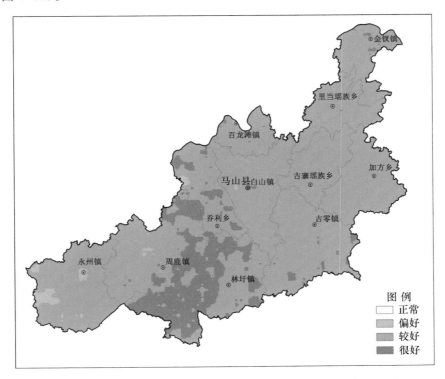

图 7.88　2018 年马山县植被生态质量改善等级分布（绿色表示正常偏好）

（4）关注和建议

2018 年马山县总体水热条件较好，灾害影响较轻，利于植被生长和石漠化脆弱区生态恢

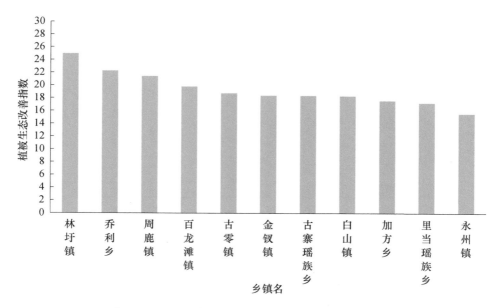

图 7.89　2018 年马山县各乡镇植被生态改善指数

复,植被生态质量位居南宁市第一,打造了马山县绿水青山的自然生态亮丽名片,充分说明马山县"生态宜居,美丽壮乡"乡村风貌提升行动战略成效显著。

2. 2019 年平果市植被生态质量监测评估

采用卫星遥感和生态模型综合监测方法进行平果市植被生态质量监测评估,结果表明:2019 年平果市植被生态质量持续改善,植被生态质量指数为 76.9,全市有 96.3％的区域植被生态质量等级都处正常偏好以上水平,植被生态还存在较为明显的提升空间,石漠化生态治理成效显著。

(1)2019 年平果市植被生态质量状况分析

2019 年平果市大部分区域植被生态质量等级都处于较好水平(图 7.90),正常偏好以上等级面积占 96.3％,差和较差等级仅占 3.7％(主要出现在马头镇和新安镇的人口密集区)。全市植被生态质量指数为 76.9,其中同老乡的植被生态质量指数最好,达到 84.7,全市中部及北部的九个乡镇的植被生态质量指数达到了 75 以上(图 7.91)。2000 年以来,平果市植被生态质量呈现出波动上升趋势,植被生态不断改善(图 7.92)。

(2)2019 年平果市植被净初级生产力明显提升

2019 年平果市植被净初级生产力与历年(2000—2018 年)平均值相比提高 5.51％,达 1091.7 gC/m² (图 7.93)。西北部的同老乡、黎明乡等乡镇的植被净初级生产力明显提高,达 1400 gC/m² 以上,海城乡的大部、太平镇的东部及旧城镇的西部达 1200 gC/m² 的区域较历年相比明显扩大,而平果市马头镇人口较为集中的区域,植被净初级生产力提升不明显,植被净初级生产力常年低于 500 gC/m²。

(3)2019 年平果市石漠化地区植被质量良好

2019 年平果市石漠化地区植被质量等级在大部分地区都为正常及以上(图 7.94);东北部的凤梧镇的大部,中部的海城乡、太平镇及旧城镇交界等级达较好及以上,而马头镇为平果市人口密集区域,部分石漠化地区生态质量等级较低,仍需加强对其地区生态质量的改善。就总体而言,平果市石漠化地区的生态治理成效明显。

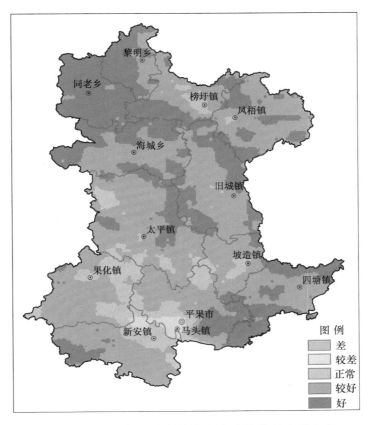

图 7.90 2019 年平果市植被生态质量等级空间分布

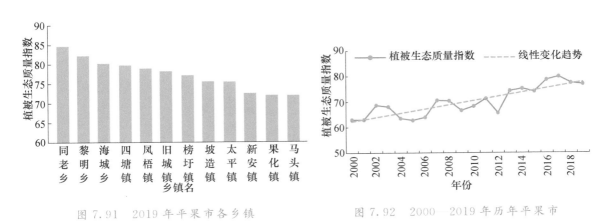

图 7.91 2019 年平果市各乡镇
植被生态指数统计

图 7.92 2000—2019 年历年平果市
植被生态质量指数统计

(4)2019 年平果市植被生态改善明显

2019 年,平果市 98.1% 区域植被生态质量得到改善,主要位于平果市中部和北部(图 7.95),其中同老乡改善程度最高(图 7.96);平果市区域植被生态改善指数平均为 17.9,改善程度显著高于广西平均水平(15.8)。

(5)水热条件对于植被生长的影响

2019 年水热条件时空匹配基本有利于植被生长恢复(图 7.97)。2019 年平果国家基本气象站全年平均气温 22.1 ℃,较常年正常,从时间分布上看,除 1 月、5 月与 7 月外,其余各月气温均较常年偏高或持平,特别是 4 月较常年同期偏高 1.2 ℃,冬季(2018 年 12 月至 2019 年 2月)气温偏高 1.6 ℃。降水方面,2019 年平果国家基本气象站全年降水量 1190.8 mm,少于常年降水量 140.3 mm,可见植被生长在更好的降水条件下还有进一步的提升空间。

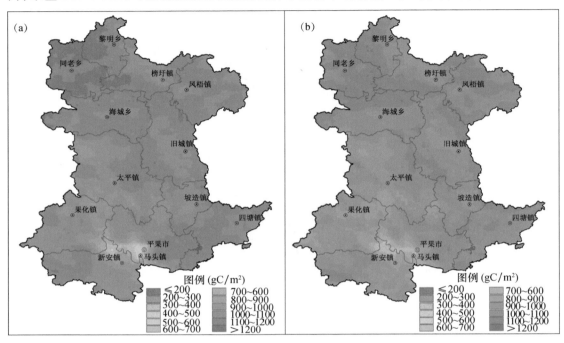

图 7.93　2000—2018 年(a)和 2019 年(b)平果市植被净初级生产力分布

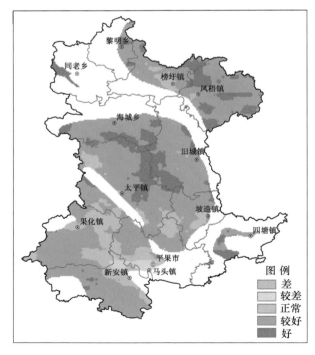

图 7.94　2019 年平果市石漠化地区植被生态质量分布

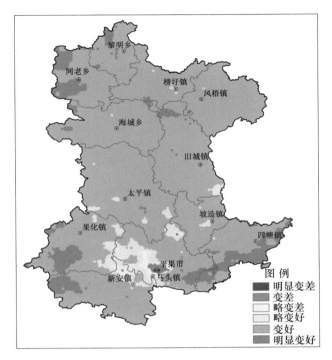

图 7.95 2000—2019 年平果市植被生态质量改善等级分布

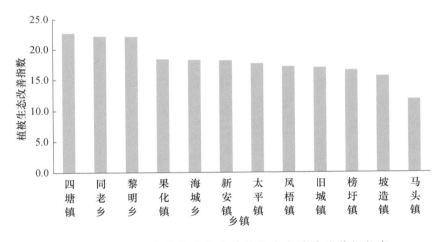

图 7.96 2019 年平果市各乡镇植被生态质量改善指数布

(6)关注和建议

2019 年平果市植被生态质量持续改善,充分说明平果市的生态文明建设成效显著,打造了平果市山清水秀的自然生态亮丽名片。也表明平果市矿山土地复垦工作效果明显,实现生态、经济和社会效益"三赢"。平果市水热气候条件较好,有利于植被生长。要充分利用有利的天气气候条件及丰富的生态旅游资源,推进布见水库、芦仙湖国家湿地公园、达洪江水源林自然保护区等七个生态修复工程、铝土矿山生态环境修复工程等,提高自然生态系统稳定性和生态服务功能,加速平果市绿色崛起。平果市植被生态质量虽总体偏好,但整体上分布还不够均衡,特别是在马头镇和新安镇的人口密集区生态质量等级偏差,需有针对性地加强生态质量相对偏差和生态脆弱区的生态综合治理力度,持续推进矿山土地复垦工作,整体提高全市的植被

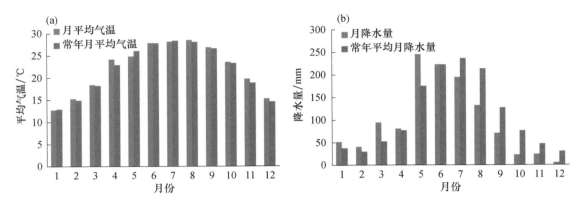

图 7.97 2019 年平果国家基本气象站平均气温(a)、降水量(b)时间分布与常年对比

生态质量水平,以促进平果市生态文明建设的全面发展。

7.4 生态宜游宜居气象服务

利用研究成果开展广西喀斯特地区生态宜游宜居气象监测评估服务,以期促进生态旅游、人居环境科学发展,并为县内差别化的区域发展定位提供管理与决策参考。

○ 7.4.1 生态养生宜游评价

以广西喀斯特地区河池市为例,基于地面气象观测、卫星遥感数据和大气负氧离子观测资料,从人居环境气候舒适度、植被生态质量、大气环境质量三方面对 2019 年河池市生态养生宜游等级进行了综合评价分析,为生态养生宜游气象服务提供技术支持。

1. 2019 年河池市生态养生宜游等级评价

2019 年河池市 99.8%区域适宜生态养生(图 7.98),旅游景区主要分布在巴马盘阳河、百鸟岩及水晶宫,东兰红水河第一湾,金城江小山峡、珍珠岩,凤山三门海,南丹歌娅思谷等。南丹、东兰、巴马生态养生宜游指数位列全市前三(图 7.99)。

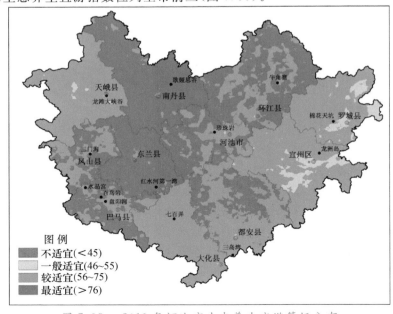

图 7.98 2019 年河池市生态养生宜游等级分布

2. 2019 年河池市人居环境气候舒适时间长

2019 年,河池市人居环境气候较舒适(图 7.100)。人体舒适度舒适以上月数达 6 个月,最舒适月数达 4 个月(4 月、5 月、9 月、10 月)。南丹、东兰气候舒适度最高,巴马、凤山、大化、都安、金城江气候舒适度较高(图 7.101)。

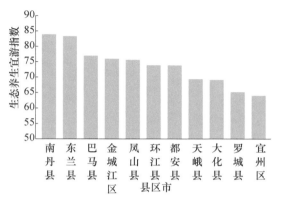

图 7.99　2019 年河池市生态
养生宜游指数统计

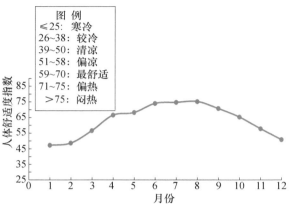

图 7.100　2019 年河池市人居
环境气候舒适度指数变化

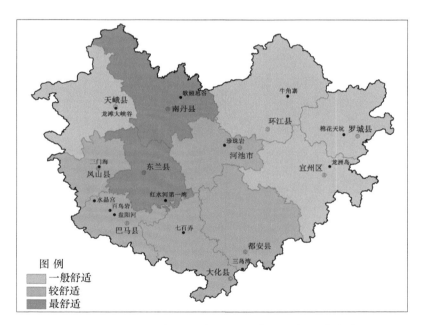

图 7.101　2019 年河池市人居环境气候舒适度分布

3. 2019 年河池市植被生态质量位居全区第二

2000 年以来,河池市植被生态质量指数呈波动上升趋势,植被生态不断改善,2019 年河池市植被生态质量为近 20 年以来第二高值(图 7.102)。

2019 年河池市植被生态质量指数为 79.6,位居全区第二(图 7.103),94.8% 区域植被生态质量偏好(图 7.104)。天峨、环江、南丹植被生态质量位列全市前三(图 7.105),其他县区的植被生态质量指数均高于全区平均水平(75.8)。

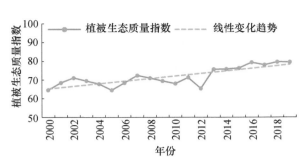

图 7.102　2000—2019 年河池市植被
生态质量指数年际变化

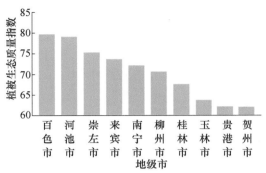

图 7.103　2019 年河池市和广西其他
地级市的植被生态质量指数对比

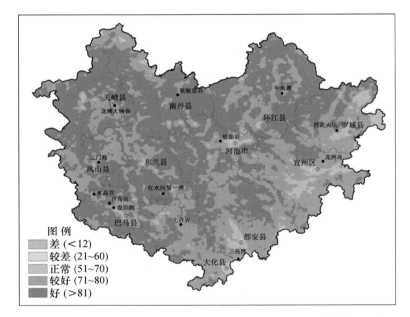

图 7.104　2019 年河池市各县植被生态质量等级分布(绿色表示正常偏好)

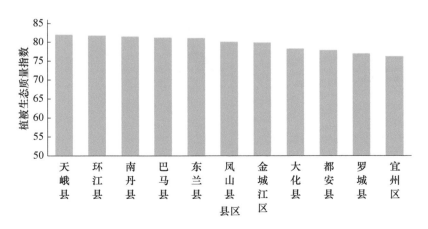

图 7.105　2019 年河池市各县区植被生态质量指数统计

4.2019 年河池市环境空气质量优良天数比例位居全区第一

据广西壮族自治区生态环境厅对全区 2019 年环境空气质量主要污染物浓度数据统计、核验,河池市 2019 年空气质量优良天数比例为 97.8%,位居全区第一(图 7.106)。凤山、巴马、东兰、南丹空气质量优良天数比例高于 98%,位居全市前四(图 7.107)。

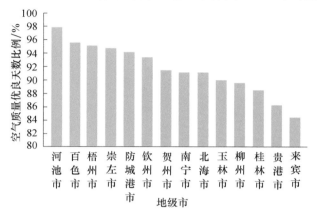

图 7.106　2019 年广西地级市空气
质量优良天数比例

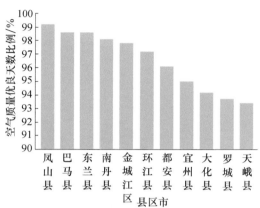

图 7.107　2019 年河池各县区空气
质量优良天数比例

5. 关注和建议

2019 年河池市气候和生态环境优良,植被生态质量位居全区第二,充分说明河池市坚持"生态立市、生态兴市、生态强市"的生态建设发展战略成效显著,打造了河池山清水秀的自然生态亮丽名片,推动了全域旅游发展。建议生态养生宜游指数的区域申报"中国气候宜居城市""天然氧吧"等。2019 年河池市总体水热气候条件较好,灾害影响较轻,有利于植被生长,但是干旱、暴雨洪涝、低温冰冻(雪)等气象灾害仍对局部区域造成不利影响,应积极做好防灾减灾和应对气候变化工作。全市最适宜旅游的景区(巴马盘阳河、百鸟岩及水晶宫,东兰红水河第一湾,金城江小山峡、珍珠岩,凤山三门海,南丹歌娅思谷等)生态养生宜游指数高,建议河池市组织多部门开展景区气候舒适度等内容调研、景区示范点申报等工作,共同推动景区旅游业发展。

○ **7.4.2　生态宜居评价**

以贵港市生态宜居评价为例,从地形地貌、植被生态质量、气象灾害风险以及石漠化方面进行适宜性评价,可为人口空间优化分布,协调人口、资源、环境之间的关系提供参考。

1. 贵港市地形条件适宜性评价

地形影响着土壤和植被的形成和发育过程,决定着土地利用的方式和土地质量的优劣,进而决定着人类居住环境的适宜性。地形起伏度越大,人居适宜性越低。根据中国人居环境评价工作所定义的地形起伏度计算公式进行分析,贵港市的地形起伏度全部处于适宜区内,贵港、桂平、平南中部地区处于高度适宜区,贵港、桂平、平南南北部部分地区为中度适宜区;贵港北部中里、奇石、黄练,桂平西山、紫荆、石龙、中沙、罗秀,平南大鹏、国安、思旺、官成、安怀部分地区属于一般适宜区(图 7.108)。

2. 植被生态质量适宜性评价

近年来贵港市的植被净初级生产力总体呈上升趋势。2020 年贵港市植被净初级生产力平均值为 1024.51 gC/m²,较 2019 年增长约 6%。贵港市北部和南部山区植被净初级生产力较高,达 1000 gC/m² 以上,中部平原地带大部分为耕地,净初级生产力多处于 700~900 gC/m²,人口较为集中的城镇区域及沿江流域地带植被净初级生产力多数低于 500 gC/m²(图 7.109)。

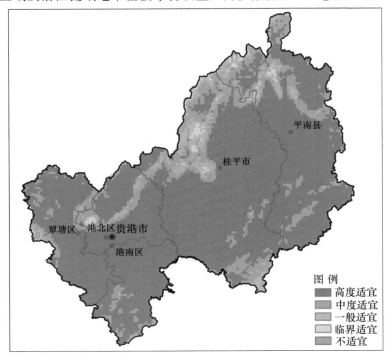

图 7.108　贵港市人居适宜性分布(根据地形起伏度指数划分)

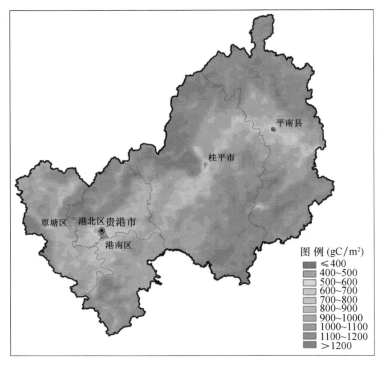

图 7.109　2011—2020 年贵港市平均植被净初级生产力分布

3. 气候条件适宜性评价

气候条件主要由气压、气温、湿度、风力、日照和降水等要素组成,其中气温、日照、湿度和风力是人体最为敏感的气候要素,尤以温度和湿度两个要素最为敏感。分析显示:港北区中里南部,桂平西山、紫荆、中沙,平南大鹏、国安、思旺部分地区温湿度指数属于非常舒适区,其余地区属于较暖和的舒适区(图7.110)。

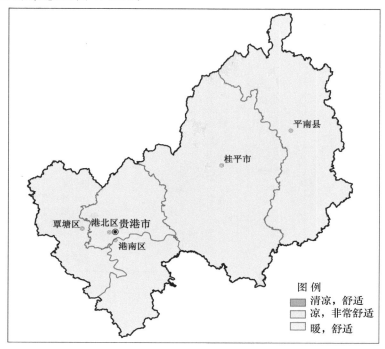

图 7.110　贵港市温湿度指数空间分布

4. 石漠化生态脆弱区评价

贵港的石漠化地区主要分布在贵港的樟木、蒙公镇,三里、五里和石卡镇,其余地区无石漠化现象,尤其是桂平、平南,较适宜居住。樟木、蒙公镇附近主要为石漠化中等脆弱区和次低脆弱区,三里、五里和石卡镇附近石漠化区域主要为低脆弱区和中等脆弱区,全市无高脆弱区,极少数地区在次高脆弱区(图7.111)。

5. 水文条件适宜性评价

水文指数体现了天然条件下自然给水能力的降水量和表征区域集水和汇水能力的水域面积的比重,能够较好地表征区域水资源的丰缺程度。分析显示:贵港市水资源丰富,大部处于一般适宜区和中度适宜区,贵港市水系最丰富的地区主要是西江流域干流区附近,为高度适宜区。桂平、平南南北部山区和贵港的西部地区为临界适宜区,全市无不适宜区(图7.112)。

6. 人居环境适宜性评价

地形条件、植被条件、气候条件和水文条件的自然适宜性共同决定了人居环境的自然适宜性。分析显示:贵港市大部分地区列为高度适宜区,南北部山区为一般适宜区到中度适宜区。全市几乎无临界适宜区和不适宜区,整个贵港市的人居环境适宜性指数高,属于人居环境好的地区(图7.113)。

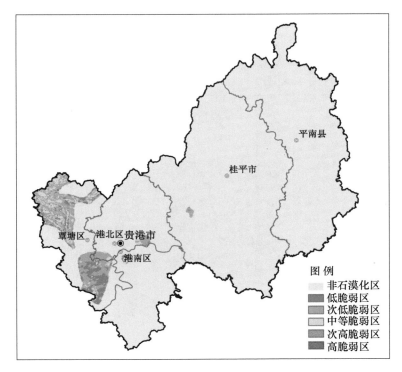

图 7.111　2020 年贵港市石漠化生态环境脆弱性评价结果

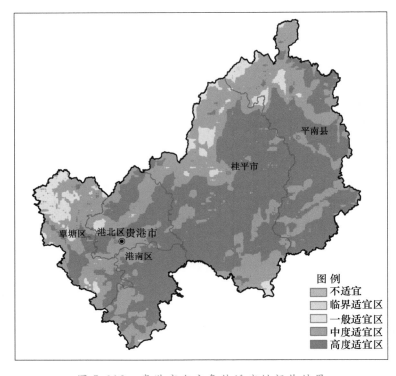

图 7.112　贵港市水文条件适宜性评价结果

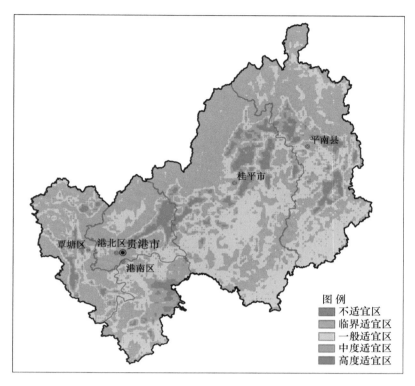

图 7.113 贵港市人居环境生态适宜性评价结果

7.5 生态服务功能评价服务

利用长时间序列植被净初级生产力 NPP 数据,针对广西生态红线保护实验区和广西森林生态系统,开展水源涵养、水土保持、生态脆弱性评价及固碳和释氧功能评估分析工作,为广西生态环境监测及生态文明建设贡献气象智慧,提供气象保障服务。

○ 7.5.1 生态保护红线卫星遥感监测评估

生态保护红线卫星遥感监测评估是开展严守生态保护红线的重要保障。基于 MODIS 卫星遥感数据,对广西生态红线保护实验区的水源涵养、水土保持、生态脆弱性进行评价。

1. 水源涵养服务功能评价

2020 年广西生态红线保护实验区水源涵养服务功能较好,有 83.4% 的区域水源涵养生态功能正常偏好,桂东北的天平山、越城岭、海洋山、大桂山、大瑶山,桂西南的十万大山的水源涵养功能最好,桂西北的六诏山、凤凰山,桂南的北海沿海地区水源涵养功能偏差(图 7.114)。

2. 水土保持服务功能评价

2020 年广西生态红线保护实验区水土保持服务功能较好,有 84.1% 的区域水土保持生态功能正常偏好,桂东的贺州市、玉林市,桂西南防城港市水土保持功能最好,桂北河池市和桂东北柳州市、桂林市的北部水土保持功能较差(图 7.115)。

3. 石漠化生态脆弱性评价

广西石漠化生态脆弱区的土地面积 1.93 万 km²,占广西土地总面积的 8.14%,石漠化面积仅次于贵州和云南,居全国第三位。石漠化生态脆弱区是广西生态保护、生态修复以及扶贫攻坚的重点区域。

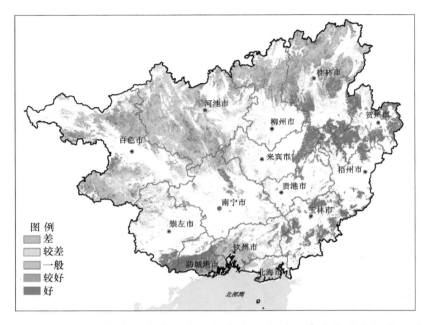

图 7.114　2020 年广西生态红线保护实验区水源涵养生态功能评价结果

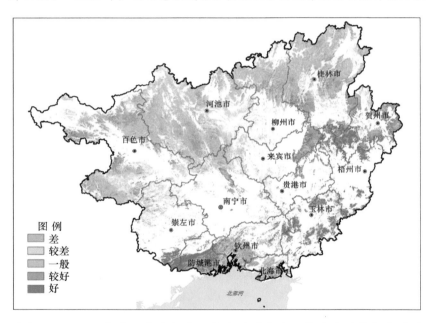

图 7.115　2020 年广西生态红线保护实验区水土保持生态功能评价结果

2020 年广西石漠化生态脆弱区 91.4% 的区域生态脆弱性中等偏低，自然生态系统较稳定，抗干扰与自我恢复能力较强。低生态脆弱区主要分布在崇左市西部、来宾市西北部、河池市和桂林市东北部，高生态脆弱区主要分布百色市大部、崇左市东部、河池市南部（图 7.116）。

○ 7.5.2　森林生态系统

森林生态系统是重要的陆地生态系统，而固碳释氧功能是森林最重要的生态服务功能，在

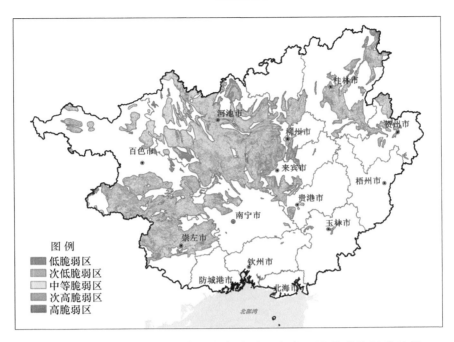

图 7.116 2020 年广西石漠化生态脆弱区生态环境脆弱性评价结果

减缓全球气候变暖、碳交易和生态旅游评价中都发挥着重要作用。广西森林覆盖率高达 62.31%,居全国第四位,其中速生桉林面积占广西森林面积的一半左右,居全国第一。根据广西森林特点及代表性树种,主要选择阔叶林、桉树林、松树林及灌木林四大种类(以下简称四大类)进行固碳释氧功能分析评估。

1. 森林固碳量

2020 年广西四种森林类型植被固碳总量为 4159.5 万 t/a。气象条件总体上对森林植被生长有利,固碳量比 2019 年增加 70.5 万 t/a。在空间分布上,广西 60.0% 的区域森林植被固碳量与 2019 年相比呈增加趋势,其中固碳量增加超过 50.0 万 t 的区域占 12.6%(深绿色区域),桂西北、桂东北、桂西南等石漠化分布区域森林植被固碳量低于 2019 年(图 7.117)。

经计算,广西阔叶林植被固碳量最高,灌木林次之,桉树林第三,松树林最低。2000—2020 年各森林类型年固碳量呈波动变化趋势,四大类森林类型年植被固碳总量 3524~4414 万 t/a,平均 3951 万 t/a,其中,2016 年固碳量最高,2005 年最低(图 7.118)。

2. 森林释氧量

2020 年广西四类森林类型植被释氧总量为 11135 万 t/a。气象条件总体上对森林植被生长有利,释氧量比 2019 年同期增加 188.8 万 t/a。在空间分布上,广西约 60% 的区域森林植被释氧量与 2019 年相比呈增加趋势,其中释氧量增加超过 100.0 万 t 的区域占 21.8%(深绿色区域),桂西、桂北、桂西南、桂东北等石漠化分布区域森林植被释氧量低于 2019 年(图 7.119)。

经计算,广西阔叶林释氧量最高,灌木林次之,桉树林第三,松树林最低。2000—2020 年各森林类型年释氧量呈波动变化趋势,四大类森林类型年释氧总量 9436~11816 万 t/a,平均 10578 万 t/a,其中,2016 年释氧量最高,2005 年最低(图 7.120)。

○ 7.5.3 建议

2020 年气候条件总体对植被生长有利,生态红线保护实验区内水源涵养和水土保持情况

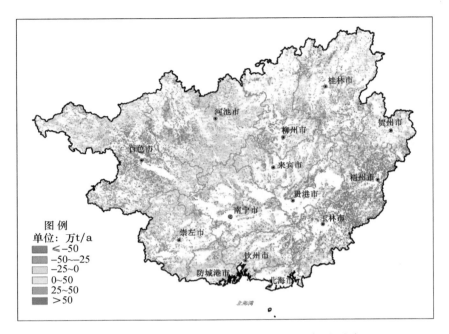

图 7.117 2020 年广西森林固碳量较 2019 年的增减状况

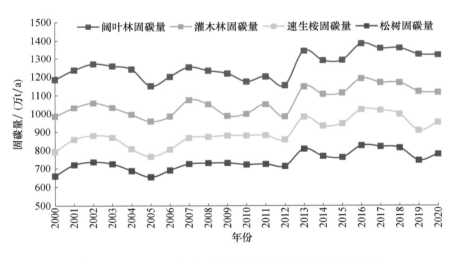

图 7.118 2000—2020 年广西森林年固碳量变化趋势

良好,石漠化区生态脆弱性减弱;森林生态系统固碳和释氧功能稳中有升,整体生态状况良好。建议围绕桂北南岭山地森林生态屏障、桂西石漠化生态修复区、西江千里绿色走廊、广西北部湾绿色生态屏障等重点生态功能区,与相关部门联合开展生态保护和修复;针对石漠化生态脆弱区和旱地作物区,开展人工影响天气修复效果评估服务。

7.6 本章小结

广西喀斯特地区植被生态质量监测评估技术服务应用,提供了省市县植被生态质量状况评价、气象条件贡献率评价、生态宜游宜居评价,为省市县政府实施生态立区、生态强区战略提供了气象保障服务;并成功助力广西环江、蒙山、富川、乐业 4 县获"中国天然氧吧"称号;推动

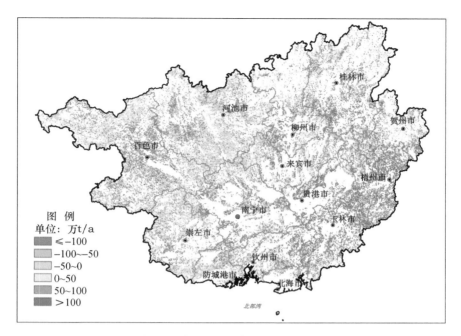

图 7.119 2020 年广西森林生长季释氧量较 2019 年的增减状况

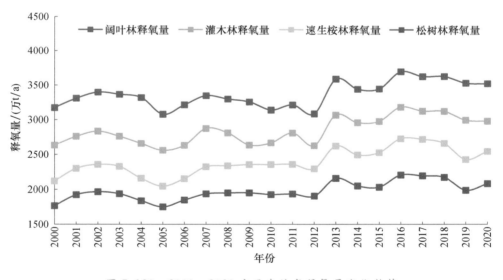

图 7.120 2000—2020 广西森林年释氧量变化趋势

"广西植被生态质量指数"纳入团体标准《广西避暑旅游目的地评价指标》,助力 6 乡镇获"广西避暑旅游目的地"品牌称号,推进生态养生旅游新模式服务,增强了生态文明建设气象保障能力,取得良好的生态效益和社会效益。近 5 a 发布重大气象专报 25 次,3 次获广西壮族自治区主席、副主席批示,18 次获市、县领导批示。"广西植被生态质量位居全国第一"结论被时任自治区党委书记彭清华在第十一次党代会政府工作报告和全国政协主席汪洋在广西壮族自治区成立 60 周年庆祝大会报告引用。产品内容入编中国气象局《中国气候变化蓝皮书》和《全国生态气象公报》、广西壮族自治区生态环境厅《广西生态环境状况公报》,在自治区生态环境、林业、国土部门有良好的推广示范作用。

第8章 结 语

8.1 研究结论

以建立服务于生态建设、能够实现服务应用的生态质量监测评价技术方法为目标,基于植被生态学及生态保护红线原理,采用卫星遥感、无人机、气象观测为手段的天空地一体化监测技术,研究植被生态质量参数遥感反演技术,揭示植被生态时空演变特征,分析植被生态时空演变驱动力影响因素,评价与预测植被生态恢复潜力,研发广西喀斯特地区植被生态质量监测评估系统,制定广西植被生态质量监测评估业务规范,并在生态气象、生态旅游、生态宜居、生态保护红线划定等推广应用,探索生态文明建设"广西模式",研究结论如下。

(1)基于多源卫星遥感的植被生态系统信息提取技术,可精准地获得广西喀斯特地区的植被遥感信息。利用 2000 年、2005 年、2010 年、2015 年和 2019 年 5 个时相的陆地资源卫星 TM/ETM/OLI 遥感影像数据,结合 1∶5 万基础地理信息数据及野外调查数据等资料,采用光谱与纹理特征综合分析法,选择 TM/ETM /OLI 对植被的最佳波段组合,建立森林、灌草、农田的遥感影像判识标志,采用最大似然法和决策树分层提取,可准确地获得精细化的广西喀斯特地区森林、灌草、农田植被信息,有效解决广西喀斯特地区植被生态系统时空演变分析的基础数据问题。

(2)广西喀斯特地区植被类型的时空格局变化显著。从时间上看,2000—2004 年、2005—2009 年、2010—2014 年、2015—2019 年 4 个时段广西喀斯特地区森林、灌草面积呈现增加趋势,而农田植被面积呈现减少趋势,且农田变化幅度最大,主要转向灌草和森林;从空间格局上看,森林以片状分布为主,主要分布在河池市的西北部和东北部、来宾市的西北部、桂林市的东北部、崇左市的西部、百色市的西南部;灌草以连片状分布为主,主要分布在河池市中南部、柳州市中部、崇左市北部、百色市北部和南部;农田植被以点状、线性、面状分布为主,点状和线状主要分布在河池市、百色市、来宾市的洼地、谷地地带;面状主要分布在崇左市、柳州市、桂林市、南宁市平原地带。

(3)广西喀斯特地区植被覆盖度时空变化特征显著。在年际尺度上,广西喀斯特地区植被覆盖度变化总体呈上升趋势,但年际间植被覆盖变幅较大,持续上升时段短且少;在季尺度上,秋季最高,9 月达到峰值,冬季最低,2 月达到谷值。广西喀斯特地区年际、季节植被空间变异明显。5 年时段时间尺度上,广西喀斯特地区植被覆盖度以中植被覆盖度为主,中高植被覆盖度和中低植被覆盖度占比相当,低植被覆盖度占比少,无高植被覆盖度。低植被覆盖度柳州市分布面积最大,中、中高植被覆盖度河池市、百色市分布面积最大。季度尺度上,春季以中植被覆盖度为主,夏季和秋季以中高植被覆盖度为主,冬季以中低植被覆盖度为主,各个季节植被长势较优地区差异明显。月尺度上,4—11 月该地区植被以中高、高植被覆盖度为主,其他月以中低、低植被覆盖为主,部分地区植被返青较慢。

(4)广西喀斯特地区植被净初级生产力时空变化特征显著。在年际尺度上,广西喀斯特地区植被净初级生产力变化总体呈上升趋势,但年际间植被净初级生产力变幅较大,持续上升和下降的时段均较短。在季、月尺度上,广西喀斯特地区植被净初级生产力季节和月变化差异明显,夏季最高,8月达到峰值,冬季最低,1月达到谷值。广西喀斯特地区年际、年内植被空间变异明显。5年时段时间尺度上,2000—2004年、2010—2014年、2015—2019年3个时段广西喀斯特地区植被净初级生产力分布格局相似,2005—2009年广西喀斯特地区植被净初级生产力稍低。广西喀斯特地区中低植被净初级生产力总体上呈增加趋势,高值域植被净初级生产力面积占比明显增加。月尺度上,1—4月和12月,广西喀斯特地区植被净初级生产力较低,5—9月较高。1月、2月和9月部分地区植被净初级生产力存在明显偏低或偏高。季度尺度上,各个季节植被净初级生产力较优地区差异明显。

(5)广西喀斯特地区植被综合生态质量时空变异明显。在时段尺度上,植被生态质量发展经历了缓慢增长、逐步增长、迅速增长、显著提升4个阶段,植被生态质量由广西喀斯特地区东北部向西南部、北部向南部逐渐递增,植被生态质量总体良好。在年际尺度上,2000—2019年广西喀斯特地区年植被综合生态质量指数呈现波动式增加趋势。但年际间植被生态质量变幅较大,持续上升时段短且少。在季、月尺度上,广西喀斯特地区植被综合生态质量季节和月变化差异明显。夏季全区域植被生态质量较高,秋季大部分区域植被生态质量正常,冬季全区域植被生态质量较低,尤其是东北部桂林市农田区。月尺度上,1月、2月广西喀斯特地区大部分区域植被生态质量较差,3月、4月开始逐步恢复,5—10月大部分地区植被生态质量正常偏好,11月桂东北部植被生态质量开始偏差,12月大部分区域植被生态质量偏差,尤其桂林市东北部、柳州市西部和南部、来宾市南部、崇左市东部的农田区变差明显。广西喀斯特地区植被生态改善显著。2000—2019年,有98.83%的区域植被生态质量在20年期间呈上升趋势,大部区域植被生态改善良好,主要得益于国家实施的石漠化治理工程和广西良好的气候条件。总而言之,本地化改进的植被生态质量指数模型,更能体现气候变化、气象灾害、人类活动对植被生态质量变化的指示和影响作用,更能精细化、精准化地反映广西喀斯特地区植被生态质量时空分布状况,可为广西喀斯特地区石漠化治理成效评价提供技术支撑及为生态文明建设提供气象保障服务。

(6)广西喀斯特地区地形海拔、坡度、坡向,土壤类型、土壤质地,气候等因子均对植被生态演变产生较大影响作用。广西喀斯特地区在洼地或谷地至丘陵或低山环境下,植被类型由农田植被演变为灌草,植被生态质量指数上升趋势明显;在丘陵或低山至中山环境下,植被类型由灌草或森林演变单一灌草,植被生态质量指数呈现略下降趋势;在中山至高山环境下,植被类型主要为灌草,植被生态质量指数几乎保持不变;但在高寒山区,由于环境复杂,植被质量呈现不稳定的波动趋势。广西喀斯特地区各土壤类型的植被生态质量指数高低为:石灰土>黏土>红黄壤、紫色土>潮土>水稻土;植被生态质量指数随土壤含沙量的增加大致呈现下降趋势:黏土(重)>黏土(轻)>粉砂壤土>砂质黏壤土>壤质砂土。广西喀斯特地区植被生态质量指数月际变化与各气候因子均存在显著相关关系,其中,与气温的相关性最高,尤其是与前0~1个月累积气温和当月平均气温的相关系数较高,说明气温对植被生态质量的影响不存在滞后效应,但存在一定的累积效应,且累积期为1个月左右;与降水量相关性次之,尤其是与前0~2个月累积降水量和前1月的降水量相关系数较高,说明降水量对植被生态质量的影响存在累积效应和滞后效应,累积期为2个月左右,滞后期为1个月左右;与日照时数的相关性其次,主要是与当月日照时数、0~1个月的累积日照时数相关性较高,说明日照时数对植被生态质量的影响不存在滞后效应,但存在累积效应,累积期为2个月左右;与相对湿度的相关性较低,但与前1~2个月、前2个月的平均相对湿度相关性较高,说明相对湿度对植被生态质量的影响存在累积效应和滞后效应,累积期和滞后期均为2个月左右。在年际变化上,广西喀斯特地区年均植被生态质量只与降雨呈显著正相关关系,与气温、日照时数、相对湿度的相关性绝对值均较小,且均未通过显性检验,说明广西喀斯特地区年均植被生态质量在年际变化上只对降水量响应强烈,其余气候因子响应一般;但月均植被生态质量对冬季和夏季的气温、日照较敏感,相关性较高,对夏季和秋季的降水、相对湿度较敏感,相关性较高。广西喀斯特地区逐像元植被生态质量与气温、降水量呈正相关特征明显,植被生态演变驱动因素主要划分为气温降水强驱动、气温为主驱动、降水为主驱动、气温降水弱驱动、非气候驱动。整体上,广西喀斯特地区植被生态演变有 42.06% 的区域受气候驱动因素影响,57.94% 区域受非气候驱动因素的影响(人类活动和自然灾害等)。以降水为主驱动因素影响的区域面积最大,以气温为主驱动因素影响的区域面积次之,以气温降水强驱动因素影响的区域面积较小;以气温降水为弱驱动影响因素的区域面积最小。

(7)广西喀斯特地区植被生态恢复潜力值较高,植被生态恢复良好,可针对不同潜力区制定植被生态恢复治理政策。广西喀斯特地区总体植被生态恢复潜力值较高,其中森林生态恢复潜力值最高,灌草生态恢复潜力值次之,农田植被生态恢复潜力值最低。从空间分布看,未来广西喀斯特地区植被主要以较低、中等生态恢复潜力为主,主要分布在河池市北部、南部和东南部、百色市西北部和南部、崇左市北部和西部,该地区植被生态质量良好,植被生态恢复较好,已接近植被生态恢复潜力值上限,尚有一定的恢复空间或基本上无恢复空间。从植被类型看,未来广西喀斯特地区农田植被生态恢复潜力较大,森林、灌草恢复潜力较低。从地形看,植被生态恢复潜力随海拔高度和坡度的增加呈降低趋势,平原地区以中高恢复潜力为主;丘陵和山地地区以中低等恢复潜力为主。从土壤质地类型看,黏土、壤土的植被生态恢复潜力较高,还有较大的提升空间,砂土的植被恢复潜力较低。从驱动因素看,气候驱动潜力较非气候驱动潜力稍大些,其中以气温降水强驱动和降水为主驱动潜力较高;非气候驱动区以中低恢复潜力为主,说明该区域在人工植被建设影响下,植被生态质量已恢复较好。在充分考虑气候变化因素和喀斯特地区地理、气候条件下,针对不同植被生态恢复潜力区采用不同的植被生态恢复治理措施:保护原始森林,积极培育和扩大森林面积,增加喀斯特地区植被面积、覆盖度;培肥沃土工程,培肥土壤,提高耕地质量;建设配置合理、结构稳定、功能完善的植被生态系统,提升防护林质量,遏制水土流失和石漠化等生态气象灾害;增加喀斯特地区水源涵养、固碳释氧量等生态服务功能,提升气候变化对植被生态质量的影响;同时,发展林下经济、经果林、生态旅游等生态经济产业,培育新的经济增长点,实现区域的可持续发展。

(8)基于"3S"技术的广西喀斯特地区植被生态质量监测评估技术,可为广西喀斯特地区生态经济发展、生态恢复治理、生态扶贫等生态文明建设提供气象保障服务。广西喀斯特地区植被生态质量监测评估技术服务应用,提供了广西全区及各市县植被生态质量状况评价、气象条件贡献率评价、生态宜游宜居评价,为各级政府实施生态立区、生态强区战略提供了气象保障服务;并成功助力广西各市县级生态旅游品牌创建,推进生态养生旅游新模式服务,增强生态文明建设气象保障能力,取得良好的生态效益和社会效益,在自治区生态环境、林业、国土部门有良好的推广示范作用。

8.2 存在问题

基于"3S"广西喀斯特地区生态质量监测评价技术研究与应用,主要存在的问题如下。

(1)卫星遥感数据的获取及空间分辨率的限制问题。由于多云影响,广西全年仅有十多日窗口期,获取晴空的卫星遥感数据较少、成像时间存在不同季节,造成植被生态系统类型提取结果有差异,从而影响到植被生态系统时空演变分析。特别是农田植被的监测结果影响较大。

受卫星遥感数据空间分辨率的限制,仅完成了一级植被生态系统类型(森林、灌草、农田)信息的提取,而更精细的植被分类等级信息,超出本研究所用遥感数据分辨率提取能力范围。

(2)卫星遥感数据的替代性问题。广西喀斯特地区植被生态质量监测评估技术是基于MODIS 数据的生态遥感反演技术。针对国产风云气象卫星的植被生态质量遥感反演技术尚未研究。能否在本研究技术方法基础上,利用风云气象卫星遥感数据代替 MODIS 卫星遥感数据进行植被生态质量监测评估。

(3)区域生物多样性评价问题。由于区域植物多样性变化的实时获取目前仍是个难题,所以在植被综合生态质量监测评估模型中尚未考虑植物群落内部结构是否合理性问题。

(4)植被生态演变驱动力定量化评价问题。研究从地形、地貌、土壤、气候等因素对植被生态时空演变进行影响分析,但研究尚未分析人为活动对植被生态质量的影响,且尚未对植被生态质量变化的气象条件、气象灾害、人类活动贡献率定量化进行评价。

(5)服务应用面尚窄问题。广西喀斯特地区植被生态质量监测评估技术应用只是生态领域的一小部分内容,目前研究成果仅局限于生态气象、生态旅游、生态宜居服务应用。

8.3　展望

研究结论可以为广西喀斯特地区植被生态恢复治理工程规划,制定生态经济建设发展规划,以及开展岩溶石山区精准扶贫等工作提供科学决策依据。同时也可以为提高喀斯特地区植被生态质量,促进生态经济转型发展,增强生态脆弱区恢复治理的科学性、合理性,争取获得最大的治理效益和成果,实现可持续发展,提升广西植被生态的整体质量做出应有的贡献,为政府及相关部门提供生态文明建设政策和制度的落实提供决策参考和科学依据。未来展望如下。

(1)研究基于高分卫星遥感数据的植被生态系统信息提取技术。采用更高分辨率的卫星遥感影像,结合无人机航摄数据,获取更精细的植被遥感信息,提升植被生态质量监测评估质量。

(2)研究基于风云四号卫星遥感数据的植被生态质量监测评估技术。基于风云卫星四号卫星数据,建立植被生态指数、植被生产力模型,研究基于国产卫星的植被综合生态质量评价技术。

(3)研究植被生态保护绩效考核评价指标体系。利用气象观测数据,研究基于气象模型模拟的潜在植被生态参数,结合基于卫星遥感反演的实际植被生态参数,构建植被生态质量气象条件和人为活动贡献率评价模型,研究植被生态保护绩效考核评价指标体系,为纳入生态环境建设绩效考核提供技术支撑和参考依据。

(4)扩大与细化植被生态质量监测评估技术应用领域。以问题为导向,需求为牵引,结合各市、县实际情况,精细化各市、县生态产品。基于植被生态参数,研发植被固碳、植被吸碳模型,建立植被固碳、植被吸碳气象贡献评价技术,为领导干部离任审计、生态文明建设绩效考核、生态文明建设政策和制度落实等提供参考依据,扩大植被生态遥感应用领域。